青海师范大学"藏区历史与多民族繁荣发展研究省部共建协同创新中心"项目

古代社会家庭财产关系略论

魏道明 著

中国社会科学出版社

图书在版编目(CIP)数据

古代社会家庭财产关系略论/魏道明著. —北京：中国社会科学
出版社，2021.1

ISBN 978 - 7 - 5203 - 7670 - 9

Ⅰ.①古… Ⅱ.①魏… Ⅲ.①家庭财产—家庭管理—研究—中国—
古代 Ⅳ.①TS976.15

中国版本图书馆 CIP 数据核字（2020）第 264369 号

出 版 人	赵剑英
责任编辑	吴丽平
责任校对	夏慧萍
责任印制	李寡寡

出 版	中国社会科学出版社
社 址	北京鼓楼西大街甲 158 号
邮 编	100720
网 址	http://www.csspw.cn
发 行 部	010 - 84083685
门 市 部	010 - 84029450
经 销	新华书店及其他书店

印 刷	北京明恒达印务有限公司
装 订	廊坊市广阳区广增装订厂
版 次	2021 年 1 月第 1 版
印 次	2021 年 1 月第 1 次印刷

开 本	710×1000 1/16
印 张	13.75
插 页	2
字 数	180 千字
定 价	78.00 元

前　　言

　　古代社会家庭（族）或者说是同居团体内部的财产关系，一直是笔者感兴趣的问题。二十余年前，就曾撰文讨论过这一问题，这本小书算是对多年思考的一个回顾。虽然古代社会家庭财产关系是学界久为关注的问题，研究成果丰厚，但本书关于同居（家庭）规模、析产与继承的概念界定与区别、"女合得男之半"分产法的性质和来源等方面的论述，可能多少有些新意，或许还有出版价值。本书的出版，受益于青海师范大学历史学院学科建设专项经费的资助，受益于中国社会科学出版社吴丽平女士帮助支持，受益于青海师范大学历史学院研究生赵欢迎同学的辛劳付出。在此一并致谢！

目　录

第一章　同居共财制度

第一节　"同居"的含义

在中国古代社会，同居是一个相当重要的概念，古代社会亲属间身份与财产关系上的一些主要特征，如容隐、缘坐、共财等，都以此为基础。但同居的重要性，历来为研究者所忽略，国内享有盛誉的辞书及法制史或婚姻家庭史的论著中，礼、法中的同居都被简单解释为共同居住、共同生活。[①] 其实，共同居住、共同生活只是同居的本义而已，除此之外，还有表示亲等和服制的含义，即衍义上的同居。

同居，按其本义，确为共同居住、共同生活之意，凡共同生活之群体，均可称为同居团体。一般来说，人类生活群体的构成自然以婚姻、血缘为纽带，故通常意义上的同居，概指共同生活的亲属群体。由亲属组成的生活群体，其规模经历了一个从大到小的变迁过程。先以同祖之亲属为共同生活的单元，如氏族；后缩小为同父，

[①]　如《辞源》"同居"条，商务印书馆1987年版，第257页；《中文大辞典》"同居"条，（台北）中国文化书院出版部1968年版，第6册，第113页；《汉语大词典》"同居"条，汉语大词典出版社1989年版，第3卷，第111页；陈顾远：《中国婚姻史》，上海书店1984年版，第191—194页；陶毅、明欣：《中国婚姻家庭制度史》，东方出版社1994年版，第136页；张金光：《商鞅变法后秦的家庭制度》，《历史研究》1988年第6期。

即由同父之数代直系亲属组成的同居团体。

此种同居集团，以父为中心，其中所能包含的直系后代世数，取决于父之寿命。按当时的人类寿命计算，一般同居团体的规模大多止于三世同堂，四世同堂则较为罕见。因为祖孙三代共同居住、生活是古代社会的一般情形，所以人们习惯上也将三代以内的宗亲称为同居亲属。这种由三代人构成的同居团体，若父亡，则兄弟一般分家另立，重新组建另一个同居团体。如此，原来同居的兄弟现在变为异居，但习惯上仍称同居，以示彼此间的亲密关系。同居也就有了表示亲等和服制的含义。

按古代的服制，祖孙三代以内称大功亲，因此，同居与大功又含义相当，概指同一范围之内的亲属。古代习俗还要求同居亲属除了应共同居住、共同生活之外，财产方面也应不分彼此、共同共有，即使分开异居，互相之间仍要坚持财产共有，互通有无。《仪礼·丧服》要求同祖的兄弟虽"异居而同财，有余则归之宗，不足则资之宗"。于是，古人的观念中，同居与同财便等同划一，古礼倡导人们"大功同财"，如郑玄就说："大功之亲，谓同财者也。"① 同居也因此而获得同财的含义，后世之法律要求人们同居共财，即源于此。

考之古代早期的典籍，也是在两个意义上使用同居一词的：一为本义，指共同居住、共同生活：

二女同居，其志不同行……男女睽而其志通也。②

---

① 参见《仪礼·丧服》及郑玄注，（清）阮元校刻《十三经注疏》上册，中华书局1980年影印本，第1108页下栏。
② 《周易·睽》，（清）阮元校刻《十三经注疏》上册，中华书局1980年影印本，第50页下栏。

父没，兄弟同居，各主其丧。①

二为衍义，指一定范围（三代以内）的亲属团体，与"大功"一词意义相当，用以区别亲属间的服制轻重或亲等高下：

所识，其兄弟不同居者皆吊。②

此句向来有不同之解释。郑玄、孔颖达都认为此句意为所识者死，而吊唁于死者之不同居兄弟之家；晋人皇甫谧认为是相识者之不同居兄弟死，应前往吊唁。③ 姑且不论两种解释孰是孰非，但可以肯定的一点是，无论采用何种解释，《礼记》原文中的"不同居"都是指亲等而言。因为，是否该去吊唁或吊唁于何处，是由亲等和服制关系决定的，而不是由居住地决定的。同祖之人为同居亲属，也即大功亲属，三代之外为不同居亲属，"兄弟不同居者"是指同祖之外的小功兄弟。④

---

① 《礼记·奔丧》，（清）阮元校刻《十三经注疏》下册，中华书局1980年影印本，第1656页上栏。

② 《礼记·檀弓上》，（清）阮元校刻《十三经注疏》上册，中华书局1980年影印本，第1293页中栏。

③ 郑、孔、皇甫之说，参见（清）阮元校刻《十三经注疏》上册，中华书局1980年影印本，第1293页中栏。郑、孔之言，显系谬说，正如宋人吴澄所驳："《记》文言'皆吊'，夫丧无二主，若所识一人死，而皆往吊其不同居兄弟，则丧不止二主矣。古无是礼也。"［参见（清）朱彬《礼记训纂》上册，饶钦农点校，中华书局1996年版，第119页］故清人注疏《礼记》时，多采用皇甫谧之说，如朱彬的《礼记训纂》、孙希旦的《礼记集解》等。

④ 其实，晋人皇甫谧已有此说，认为不同居兄弟"是小功以下之亲"［参见（清）阮元校刻《十三经注疏》上册，中华书局1980年影印本，第1293页中栏］；宋人吴澄进一步发挥说："所识之人，其家若有同居之亲死，往吊不待言矣。虽其兄弟之不同居者死，亦皆吊之。盖厚于所识，故推其恩爱，以及于其有服之兄弟不同居者。皇氏以为小功以下之亲。小功以下，服轻尚吊，况大功以上服重者乎？"［参见（清）朱彬《礼记训纂》，中华书局1996年版，上册，第119页所引吴澄之论。］

《仪礼·丧服》有"继父同居者""继父不同居者"之语，是将继父区分为同居继父和不同居继父两种。有些论著以为区分的标准在于继子是否随母与继父共同居住、生活，① 其实不然。《礼记·丧服小记》中也有"继父不同居"之语，孔颖达疏曰："继父者，谓母后嫁之夫也。若母嫁而子不随，则此子与母继夫，固自路人，无继父之名。"② 所以，只有随母与其后嫁之夫共同居住、生活，才有继父之称。

显然，同居继父和不同居继父的区别标准，与是否共同居住无关。同居与否，是从继父与继子的亲等关系而言的。《礼记·丧服小记》中说，继父和继子"同财而祭其祖祢为同居"；贾公彦在疏《仪礼·丧服》中的"继父同居者"时也说：

> 子家无大功之内亲；继父家亦无大功之内亲；继父以财货为此子筑宫庙，使此子四时祭祀不绝；三者皆具，即为同居……三者一事阙，虽同在继父家，亦名不同居。③

可见，继父与继子只有形成了共财及祭祖的密切关系，方可称同居。而共财、祭祖是大功亲属的一般特征，故礼制判断继父与继子是否为同居关系的标准，实际上是参照大功亲属之间的关系而拟制的。此可以反证，同居一词原本喻指大功亲属，在此成为判断继父与继子亲等关系的基本原则。

若继父与继子之间最初符合同居的三个条件，以后继父有子，

---

① 参见陈鹏生主编《中国古代法律三百题》，上海古籍出版社1991年版，第368页。
② （清）阮元校刻：《十三经注疏》下册，中华书局1980年影印本，第1500页中栏。
③ （清）阮元校刻：《十三经注疏》上册，中华书局1980年影印本，第1108页下栏。

也就是说继父有了大功以上亲，继父与继子的亲等关系就疏远了，变成了异居继父。异居继父与继父、继子间从未形成同居关系的不同居继父，还不一样。异居以曾经同居为前提，《仪礼·丧服》中说："必尝同居，然后为异居；未尝同居，则不为异居。"所以，异居继父的全称应为先同居后异居继父。

因同居继父、异居继父和不同居继父与继子的亲等关系各不相同，故《仪礼·丧服》中分别规定了继子对三种继父不同的服制："同居则服齐衰期，异居则服齐衰三月。"联系上下文来看，继子分别对同居继父、先同居后异居的继父分别服齐衰一年和齐衰三月，而对于从未形成同居关系的不同居继父，继子则无须为之服丧。

笔者所谓同居与大功一词意义相当的论点，除了上述经典中的证据外，古人对经典的释文也可为证。如孔颖达在注疏《尚书·康诰》中"不于我政人得罪，天惟与我民彝大泯乱"时说："故今之律令，大功以上得相容隐。"又邢昺在注疏《论语·子路》"父为子隐，子为父隐"时也说："今律，大功以上得相容隐。"

孔颖达为唐代人，邢昺为宋朝人，按唐、宋律文："诸同居，若大功以上亲及外祖父母、外孙，若孙之妇、夫之兄弟及兄弟妻，有罪相为隐。"① 孔颖达、邢昺之所以把律典中"诸同居……有罪相为隐"概括为"大功以上得相容隐"，就是因为同居与大功意义相当。

同居一词，出现于法律文献中，始于云梦秦简。参照简文内容进行分析，秦简中同居的用法，事实上与古礼保持一致，也有二义。

一为共同居住、共同生活。如以下四条：

---

① 《唐律疏议》卷6《名例》"同居相为隐"条，中华书局1983年版，第130页；《宋刑统》卷6《名例》"有罪相容隐"门，法律出版社1999年版，第106页。

人奴妾盗其主之父母，为盗主，且不为？同居者为盗主，不同居不为盗主。

"盗及者〔诸〕它罪，同居所当坐。"可〔何〕谓"同居"？●户为"同居"，坐隶，隶不作户谓殹〔也〕。

可〔何〕谓"家罪"？父子同居，杀伤父臣妾、畜产及盗之，父已死，或告，勿听，是胃〔谓〕"家罪"。

同居毋并行，县啬夫、尉及士吏行戍不以律，赀二甲。①

二是指同财的大功亲属，如以下二条：

(凡吏)恒作官府以负责〔债〕，牧将公畜生而杀、亡之，未赏〔偿〕及居之未备而死，皆出之，毋责妻、同居。

可〔何〕谓"室人"？可〔何〕谓"同居"？"同居"，独户母之谓殹〔也〕。"室人"者，一室，尽当坐罪人之谓殹〔也〕。②

《金布律》简文将共同居住的妻与同居并列，同居显然不是共同居住之意。此条法令是关于妻与同居者是否有义务替死者进行财产赔偿的说明，妻以家财为夫清偿债务，本属应该，而将同居者与赔偿义务相联系，若同居者不是指同财之大功亲属，便难合情理。而上引《法律答问》中的简文将同居释为"独户母"，难以理解。③ 注

---

① 以上四条分别见于睡虎地秦墓竹简整理小组《睡虎地秦墓竹简》，文物出版社1978年版，第159、160、197—198、147页。

② 以上二条分别见于睡虎地秦墓竹简整理小组《睡虎地秦墓竹简》，文物出版社1978年版，第63、238页。

③ "独户母"一词，据笔者所知，见于古籍者，仅此一例；《元史》卷98《兵志》有"独户军"之说（中华书局1976年版，第2508页），指户出一人而组成的军队，似不能作为解释秦简"独户母"的参照材料。

译者将"独户母"译为"一户中同母的人"，① 也嫌牵强。

《汉书》卷2《惠帝纪》中有"今吏六百石以上父母、妻子与同居"之语，颜师古注曰："同居，谓父母、妻子之外，若兄弟及兄弟之子等见（现）与同居业者，若今言同籍及同财也。"② 有些学者认为，秦简中"独户母"的含义与《汉书》颜注基本相同。③ 笔者也倾向于这种看法。

这是一条有关亲属间罪责缘坐的法律解释，联系上下文来看，室人是指共居一户的父母妻子；同居与同产意义相当，指兄弟姐妹，不以共同居住为限。在此范围内的亲属，都属缘坐的范围。从颜氏的解释中看，这里的同居也显然有同籍（共同居住）和同财（大功亲属）二义。

《唐律疏议》中的同居也有二义。"诸缘坐非同居者，资财、田宅不在没限。虽同居，非缘坐及缘坐人子孙应免流者，各准分法留还。"④ 此处的同居意即同籍，指共同居住。"称同居亲属者，谓同居共财者"，⑤ 此处的同居是指同财的大功之亲，虽不共同居住也称同居。若非有同财等法律关系，"虽复同住，亦为异居"。⑥ 尤值得注意的是《唐律疏议》卷6《名例》"同居相为隐"条疏议对"同居"的解释：

---

① 睡虎地秦墓竹简整理小组：《睡虎地秦墓竹简》，文物出版社1978年版，第239页。

② 《汉书》卷2《惠帝纪》，中华书局1962年版，第85、88页。

③ 张铭新：《关于〈秦律〉中的"居"——〈睡虎地秦墓竹简〉注释质疑》，《考古》1981年第1期；蔡镜浩：《〈睡虎地秦墓竹简〉注释补正》（二），载《文史》第29辑，中华书局1988年版。

④ 《唐律疏议》卷17《贼盗》"缘坐非同居"条，中华书局1983年版，第323页。

⑤ 《唐律疏议》卷16《擅兴》"征人冒名相代"条疏议，中华书局1983年版，第303页。

⑥ 《唐律疏议》卷23《斗讼》"殴妻前夫子"条疏议，中华书局1983年版，第419页。

同居，谓同财共居，不限籍之同异，虽无服者，并是。①

若不知同居一词有二义，这一解释颇令人费解，如果说同居是指共同居住，疏议却说"不限籍之同异"；如果说不同籍的亲属也称同居，疏议就没必要加上"虽无服者，并是"的多余解释。而且，若无服亲属间都属同居关系，有罪也可互相容隐，也显然与法理不符。我们若按同居一词有二义的理解重新标点这一解释，问题就迎刃而解了：

同居，谓同财、共居，（同财）不限籍之同异；（共居）虽无服者，并是。

意即同财之大功亲属，无论是否同籍，都称同居；而共同居住、生活之同籍人口，不论有服、无服，也都称同居。

宋代的法典，对同居的释义一如唐律。② 直至明清，未有更改。如《大清律例》卷5《名例律》"亲属相为容隐"条释同居时说："同（居）为同财共居亲属，不限籍之同异；虽无服者，亦是。"③也是完全依照唐律。

总之，同居一词，在古代礼、法中有两层含义：一为事实关系，系指共同居住或共同生活的血缘团体；二为法律关系，系指相互间有一定权利义务关系的亲等在大功及以上之亲属。

---

① 《唐律疏议》卷6《名例》"同居相为隐"条疏议，中华书局1983年版，第130页。
② 参见《宋刑统》卷6《名例》"有罪相容隐"门；卷16《擅兴》"征人冒名相代"门；卷17《贼盗》"谋反逆叛"门，法律出版社1999年版，第106、288、304页。
③ 《大清律例》卷5《名例律》"亲属相为容隐"条，法律出版社1999年版，第121页。

第二节　同居规模

从伦理要求的角度来说，亲属同居的规模，自然是越大越好。如果一个家族能够做到世代不分居、不分家，全族财产共有，共同生产、共同消费，形成所谓累世（代）同居，正是古代礼法所希冀的。故史书上将这种以族为家、家族一体又获得旌表的团体称为"义门"。

累代同居的义门历代皆有，正史中的《儒林传》《孝友传》《孝义传》等记载了当时具有代表性的义门，也即获得王朝旌表的累世同居大家庭。从历代正史的记载看，获得旌表，被称为"义门"的累世同居大家庭，数量并不是很多。

对获得旌表的"义门"的记载始于《宋书》，其后各代正史，包括《清史稿》皆集中有"义门""义居"的记载。对历代正史所载"义门"同居团体进行统计，始于赵翼的《陔余丛考》卷39《累世同居》，后人也进行过统计，但多不完全。较为权威的是黎小龙初步统计、王善军修订的统计。计有：南北朝时23家，隋2家，唐41家，五代2家，宋54家，元28家，明28家，清7家，合计185家。[①]

当然这并不代表累代同居的家族数量非常少。因为史传所载一般多为获得旌表的所谓"义门"，可以想见，并不是所有累代同居的家族均能获得"义门"的称号。但究竟累代同居的家族有多少，因

---

①　参见黎小龙《义门大家庭与宗族文化的区域特征》，《历史研究》1998 年第 2 期；王善军《关于义门大家庭分布和发展的几个问题——与黎小龙先生商榷》，《历史研究》1999 年第 5 期。

记载过于分散，尚无人进行这方面的统计、研究。

那么究竟多少代不分居、不分家，就算是累代同居了呢？这方面尚无制定标准，笔者认为四代以上比较合适。因为，父死子分家是古代社会的一般惯例。《礼记·奔丧》："父没，兄弟同居，各主其丧。"《左传·襄公十二年》："凡诸侯之丧，异姓临于外，同姓于宗庙，同宗于祖庙，同族于祢庙。"祢指父庙，《公羊传·隐公元年》何休注："生称父，死称考，入庙称祢。"① 可见在古人看来，父子为一体，必须同居，故曰"同族于祢庙"，后世之法律皆要求父在，子不能异籍、别财，也是基于此。

父死子分家为惯例，如果父死，兄弟仍同居，就要各主其丧，不是说祭祀的对象不同，而是说各率妻、子分别主持丧礼，是为了对自己的子孙树立父权，确立其主祭的地位。所以，中国古代血缘团体的同居形式一般为父子同居，这个同居团体内所能包含的直系后代，取决于父的寿命，一般来讲，父的寿命可以坚持到三代同居，故三代（父、子、孙）同居大概是古代社会的一般常态。超过三代，就应该算是累代同居了，或者说，父死兄弟仍同居者，就应该算是累代同居了。

累世同居的家族内，财产共有，共同劳动，共同消费。如唐代刘君良，累代同居，一尺布一斗粟都属家族共有，家族人口众多，有六处院落，但厨房只有一处，每次都是鸣钟而食。② 又江州陈氏家族，至宋代，累世同居已数百年，族中人口最多达七百余人，每食设广席，长幼次坐同食，族中妇女互哺。据记载，在同代共食的影响下，这个宗族的狗也具有人性，也讲伦理，一犬不至，它犬不食，

---

① （清）阮元校刻：《十三经注疏》下册，中华书局1980年影印本，第2198页下栏。
② 《旧唐书》卷188《孝友传·刘君良传》，中华书局1975年版，第4919页。

而且也互哺。①

但累代同居，如瞿同祖先生言，需要强大的经济实力和高度的道德教化，二者缺一不可。累代同居之家族，消费意义大于其生产意义。小农经济不需要聚集的团体来共同进行，超大规模的家族聚合，对于小农经济无疑是一种浪费。

因为财产共有的缘故，累代同居的家族很难充分调动个人的生产积极性，效率会下降。所以，若无强大的财力，是很难维持下去的，故累世同居者，皆为仕宦之家或地主之家，少有自耕农阶层。

累代同居的团体，表面上看起来很和睦，实际上，内部关系非常紧张，维持现状相当困难。如唐高宗曾亲临九世同居的张公艺家，盛赞之余，问张公艺保持累代同居的经验。张半晌无语，后请纸笔，连书百余个"忍"字，高宗为之流涕。② 所以累代同居的大家族内，若无高度的道德教化，很难维持。

累代同居的团体内，离心力较大，很多时候是以强制的方式来维持的。常见的是父祖临终前以家训的形式，命令子孙不得析居。如北宋名臣王嗣宗著遗戒，以训子孙勿得析居。③ 赵鼎在《家训笔录》中明确规定"田产既不许分割，即世世为一户"。明代庞尚鹏在《庞氏家训》中规定得更为具体、严格："房屋、田地、池塘、不许分析及变卖，有故违者，声大义攻之，摈斥不许入祠堂。"

因此，一般的家族很难累代同居，以族为家，所采用的形式为

---

① 《宋史》卷456《孝义传·陈竞传》，中华书局1977年版，第13391页。
② 《旧唐书》卷188《孝友传·张公艺传》，中华书局1975年版，第4920页。
③ 《宋史》卷287《王嗣宗传》，中华书局1977年版，第9651页。

聚族而居，即同一家族的人，虽各自为家，财产独立，但居住在同一地域内，占有固定及毗连的土地，保持密切的关系，有些家族还设有义田、学田等家族公产，族内成员有互助的义务，这种方式大概是古代社会家族最常见的组织形式。以清代为例，如"闽中、江西、湖南皆聚族而居"；① "山东、山西、江西、安徽、福建、广东等省，多聚族而居"②。据魏源的估计，清代各省聚族而居的家族，每县邑有数百个。③

聚族而居的家族中，虽各自为家，也就是再组成规模小一点的同居团体。但这个"家"或同居团体，还不能理解为今天的核心家庭。古代的家，多指三代以上的大家庭或扩大家庭。

家庭一词在中国出现的较晚，《后汉书》云："常称病家廷，不应州郡辟召"④，这可能是家廷（庭）一词最早的文献记载。⑤ 而且，在中国古代社会，家庭连称较为少见，一般都单称为家。关于家字的本义及家的构成，这是学界一直争论不休的问题，也是我们在讨论同居规模时不得不辩的问题。

家由宀、豕两部分构成，宀为房屋形，与居所有关，很好解释；但屋下为何陈"豕"，就不太好理解了。许慎在《说文解字》中认为豕为豭，只是声符；清人段玉裁认为家字的"本义乃豕之居也，引申假借以为人之居"，自然"宀"下为"豕"。⑥ 还有人认为

---

① （清）陈宏谋：《寄杨朴园景素书》，《皇朝经世文编》卷58，光绪十五年上海广百宋斋校印本。

② （清）冯桂芬：《显志堂稿》卷11《复宗法议》，光绪二年校邻庐刻本。

③ （清）魏源：《庐江章氏义庄记》，载《魏源集》下册，中华书局1976年版，第503页。

④ 《后汉书》卷27《郑钧传》，中华书局1965年版，第946页。

⑤ 郑杰祥：《释"家"兼论我国家庭的起源》，《中州学刊》1987年第2期。

⑥ 参见《说文解字注》，上海古籍出版社1981年影印本，第337页。

"豕"为家畜，是家庭财富的象征；① 有人认为古人祭祀用豕，家的本义是祭祀祖先的场所。② 也有学者认为"家"字是指在家族住所的主室祭祀祖先，所以，家并不是指个体家庭，而是代表着家族；③ 还有学者认为，"宀"下的"豕"，其实应为"众"字，而古文"众"与"族"通，表示一族人同居于一所房屋之下。④

笔者比较赞同后两种将家与族等同起来的观点。在古文中，妻、子一般称为室或室人，如《礼记·曲礼》："人生三十曰壮，有室"，郑玄注曰："有室，有妻也，妻称室。"又《睡虎地秦简·封诊式》："士伍甲室人：妻曰某，亡，不会封。子大女子某，未有夫。子小男子某，高六尺五寸。臣某，妾小女子某。"⑤ 所以，可能正如有些学者所言，古人最早用来表示小家庭的词是"室"，⑥ 后又改用"房"。而家一般不用来表示现代意义上的核心家庭，往往是指三代以上的大家庭或亲等关系，与族同义。这有许多的证据：

> 天子建国，诸侯立家。⑦
> 千乘之国……百乘之家。⑧

---

①　张永山、罗琨：《家字溯源》，《考古与文物》1982 年第 1 期。

②　刘克甫：《西周金文"家"字辨析》，《考古》1962 年第 9 期；郑慧生：《释"家"》，《河南大学学报》1985 年第 4 期。

③　郑杰祥：《释"家"兼论我国家庭的起源》，《中州学刊》1987 年第 2 期。

④　陶毅、明欣：《中国婚姻家庭制度史》，东方出版社 1994 年版，第 82 页。

⑤　睡虎地秦墓竹简整理小组：《睡虎地秦墓竹简》，文物出版社 1983 年版，第 249 页。

⑥　郑杰祥：《释"家"兼论我国家庭的起源》，《中州学刊》1987 年第 2 期。

⑦　《左传·桓公二年》，（清）阮元校刻《十三经注疏》下册，中华书局 1980 年影印本，第 2214 页中栏。

⑧　《孟子·梁惠王》，（清）阮元校刻《十三经注疏》下册，中华书局 1980 年影印本，第 2665 页中栏。

同籍及期亲为一家，同籍不限亲疏，期亲虽别籍亦是。①

诸称"品官之家"者，谓品官父、祖、子、孙及与同居者。②

（一家）谓同居，虽奴婢、雇工人皆是；或不同居，果系本宗五服、至亲亦是。③

所以，古代的家或家庭，一般是大家庭或扩大家庭，核心家庭比较罕见。此种大家庭，以父为中心，其中所能包含的直系后代世数，取决于父之寿命。按当时的人类寿命计算，一般大家庭的规模大多止于三世同堂。由于法律一般禁止父祖在而子孙别籍异财，必须同籍共财，一个大家庭必然是一个同居团体。故三代同居是古代亲属同居最常见的形式。

在中国古代，亲属同居团体的规模，经历了一个由大到小的发展过程。

在远古时代，一姓为一族，凡同姓之人皆共同生活、财产共有。亲属同居团体的规模最大。商、周以降，由姓而分化出氏，族群同居一般为同宗或同氏。反映这一时期状况的历史资料虽然相对贫乏，但我们依然可以寻觅到同宗聚集生活、财产共有的记述：

似续妣祖，筑室百堵，西南其户，爰居爰处，爰笑爰语。④

---

① 《唐律疏议》卷17《贼盗》"杀一家三人及支解人"条，中华书局1983年版，第332页。

② 《庆元条法事类》卷80《杂门·诸色犯奸·旁照法·名例敕》，收入杨一凡主编《中国珍稀法律典籍续编》，黑龙江人民出版社2002年版，第923页。

③ 《大清律例》卷26《刑律·人命》"杀一家三人"条，法律出版社1999年版，第426页。

④ 《诗经·小雅·斯干》，（清）阮元校刻《十三经注疏》上册，中华书局1980年影印本，第436页中栏。

获之挃挃，积之栗栗，其崇如墉，其比如栉，以开百室，百室盈止，妇子宁止。[①]

所谓"筑室百堵"，一堵代表一间，[②] 是说家族聚居地内建有众多的居室，同宗族之人共同居住、生活；所谓"以开百室""百室盈止"，郑玄笺注曰："百室，一族也"，也是反映一个同居共财的宗族共同耕作、庆贺丰收的情景。西周时期的铜器铭文及其他文化遗存中也有不少反映宗族同居的资料，唯学者已有详论，[③] 不再重复。

共居的宗族，占有广大的土地和众多的依附人口，拥有可观的武装，其力量不可小视。我们注意到，宗族这一关系紧密的血缘集团，从周代伊始，就成为政治、军事斗争的主体，包括同姓宗族之间的争斗也持续不断。[④]《左传·襄公二十三年》有"尽灭（栾盈）其族党"的记载，又同书"哀公十四年"记"尽灭桓氏"，栾盈与桓氏都是与国君同姓的"公族"，所谓"尽灭其族党"，范围只能是同宗而非同姓。

到了春秋、战国时期，同居宗族已呈现出逐渐缩小的趋势，开始向以父为中心的血缘团体过渡：

---

① 《诗经·周颂·良耜》，（清）阮元校刻《十三经注疏》上册，中华书局1980年影印本，第602页下栏、第603页上栏。

② 参见高亨《诗经今注·小雅·斯干》，上海古籍出版社1980年版，第264页。

③ 参见朱凤瀚《商周家族形态研究（增订本）》，天津古籍出版社2004年版，第338—389页。

④ 从山西侯马发现的春秋时代的盟书来看，盟书记录的是晋国晋阳赵鞅在与同姓异宗的邯郸赵午之间争斗时与盟友的盟誓文辞，从盟书所列参盟人来看中，赵鞅、赵午的结盟队伍中都有异姓参加，反映出同姓各宗之间的激烈斗争。参见《侯马盟书和春秋后期晋国的阶级斗争》，载山西省文物工作委员会《侯马盟书》，文物出版社1976年版，第4页。

凡诸侯之丧，异姓临于外，同姓于宗庙，同宗于祖庙，同族于祢庙。①

为父绝君，不为君绝父。②

父没，兄弟同居，各主其丧。③

《左传》中"同姓""同宗""同族"的划分，值得注意。所谓"同族于祢庙"，"祢"为父庙，④ 是指以父为中心的血缘团体，这一团体因共同的血缘，关系更亲密，更富凝聚力。若再联系"为父绝君，不为君绝父"的说法，我们可以看到，当时人们的观念中，姓的重要性已不如同祖的宗族，而宗族的重要性又不及同父的家族。或许此时的亲属群（同）居，往往以父为中心，成员包括直系后代，父死则兄弟分居，另组以自己为中心的同居团体。

大概父死则兄弟分居已是当时通行的一般做法，所以伦理不再要求兄弟一定同居，《仪礼·丧服》中只是提倡"异居而同财，有余则归之宗，不足则资之宗"。《礼记》关于同居兄弟"各主其丧"的记载，也说明在父死兄弟仍然同居的团体中，已经孕育着一些分裂因素，至少祭祀已经各行其是，兄弟各率妻、子分别祭祀。父死则兄弟分居，已是大势所趋。由此而言，春秋、战国时期，父死兄弟仍然同居的现象较为罕见，绝大多数的同居团体是

---

① 《左传·襄公十二年》，（清）阮元校刻《十三经注疏》下册，中华书局1980年影印本，第1951页下栏。

② 荆门市博物馆：《郭店楚墓竹简》，文物出版社1998年版，第188页。

③ 《礼记·奔丧》，（清）阮元校刻《十三经注疏》下册，中华书局1980年影印本，第1656页上栏。

④ 《左传·襄公十二年》："同族于祢庙"杜预注："祢，父庙也"；又《公羊传·隐公元年》："惠公者何，隐之考也"何休注："生称父，死称考，入庙称祢。"[（清）阮元校刻：《十三经注疏》下册，中华书局1980年影印本，第1951页下栏、第2198页下栏。]

以父为中心的。

从山西侯马发现的春秋时代的盟书来看，以父为中心的血缘团体，往往被看作一个密不可分的整体。据研究，侯马盟书记录的是晋国晋阳赵鞅在与同姓异宗的邯郸赵午之间争斗时与盟友的盟誓文辞。[①] 在盟誓的宗盟类誓文中，参盟人所谓的敌方总是被表述为"（某某）及子孙"；而在盟誓的委质类誓文中，当参盟人委质亲属时，也是以子孙为质。而且，在参盟人表示与敌方势不两立时，总是以诛杀敌人及子孙为誓言，在发誓忠于盟主时也表示若有异心甘愿与子孙同遭诛灭。[②]

盟誓中"（某某）及子孙"的固定表述方式，极具启发性。一是说明以父为中心、成员包括直系后代的同居团体，关系更加紧密，更富有凝聚力。二是他们生死与共，"一荣俱荣，一损俱损"，是关系非常紧密的血缘同居团体。

春秋、战国时期所确立的以父为中心的同居团体，是秦汉时期乃至中国古代的一般同居模式，换言之，古代社会的同居规模，以三代同居最为常见。于是，在秦汉时才逐渐成熟起来的礼制中，三代或三族被赋予了重要及特殊的含义。

《礼记·丧服小记》："亲亲，以三为五，以五为九。"郑玄注曰："已上亲父、下亲子三也，以父亲祖、以子亲孙五也，以亲高祖、以亲玄孙九也。"[③] 可见，所谓三、五、九是分指三代、五代和九代，而三代为确定亲等关系的基础和起点。三代为亲之本，是所

---

① 《侯马盟书丛考——"子赵孟"考》，载山西省文物工作委员会《侯马盟书》，文物出版社 1976 年版，第 65—68 页。

② 参见《侯马盟书类例释注》，载山西省文物工作委员会《侯马盟书》，文物出版社 1976 年版，第 33—39 页。

③ （清）阮元校刻：《十三经注疏》下册，中华书局 1980 年影印本，第 1495 页上栏。

有亲属中最为重要的组成部分。孔颖达在解释《礼记·大传》"服术有六"时说道："亲亲者，父母为首，次妻子、伯叔。"① 祖父的亲等反而位列伯、叔父之下。故此，三代同居亲属被视为一体，成为古代社会确定亲属间身份与财产关系的基础。

第三节　秦汉时期亲属同居团体的规模问题

如前所述，古代社会的同居规模，以三代同居最为常见，秦汉也不例外，本不应该再作为一个问题来专门探讨。这里之所以将之作为专门问题进行讨论，是因为学界有一种近乎普遍的看法，认为由于商鞅在变法中实行强制分户的政策，子成年必须与父分居，于是家族或大家庭充分解体，两代人的核心家庭在秦汉时期普遍确立，所以秦汉时的家庭通常为核心家庭而非扩大家庭，也就是说，秦汉时期，亲属同居的规模以两代人而非三代人为主。一直到东汉晚期、魏晋时期才有所改变。

笔者认为，商鞅强制分户说及其以此为基础的核心家庭普遍确立说，误会、臆测之处甚多，并不可信。以下将献疑商鞅强制分户说，并以秦简为根据，论证秦汉时期的家庭或同居规模，也是以三代为主，与中国古代社会的其他时期并无明显差异。

一　商鞅强制分户说献疑

认为商鞅在变法时，通过强制分户政策而推行核心家庭制度，已是学界的不刊之论。从权威辞书、通史教材到各种专著，莫不异

---

① （清）阮元校刻：《十三经注疏》下册，中华书局1980年影印本，第1507页下栏。

口同辞。① 各家的具体表述虽略有差异，但大体上可归纳为如下的典型表述：商鞅在变法中，以重赋、刑罚来推行小家庭（核心家庭）制度，先下令一家若有两个成年男子必须分家另立门户，否则加倍征赋；后又禁止父子、兄弟同居共财，强行取缔了几代人同居的大家庭。

在研究秦国及秦朝的家庭结构时，人们往往又以此为立论基础，认为商鞅变法开创了中国家庭史上的新时代，宗族、大家庭充分解体，核心家庭普遍确立。笔者认为，商鞅强制分户说及其以此为基础的核心家庭普遍确立说，误会之处甚多，难以成立。今撰文试作新说，求证于方家学者。

主张商鞅强制分户说的学者皆以《史记·商君列传》中"民有二男以上不分异者，倍其赋"②的记载为主要的立论依据。粗看起来，商鞅对不分家者"倍其赋"，就是要以重赋政策强迫民众分家析户，强制分户说似乎证据确凿且顺理成章，并无可疑之处。

但若仔细推敲，就会发现，《史记》的记载含混不清，可以有不同的解释，并不能作为商鞅强迫民众分家析户的直接证据。因为，司马迁只是笼统地说若不分异则"倍其赋"，而没有明言是对不分异的丁男"倍其赋"还是对不分异的家庭"倍其赋"。因此，"倍其

---

① 《中国大百科全书·中国历史（Ⅱ）》"商鞅"条，中国大百科全书出版社1992年版，第898页；《辞海》（1989年版）"商鞅变法"条，上海辞书出版社1990年缩印本，第408页；郭沫若主编：《中国史稿》第2册，人民出版社1979年版，第15页；范文澜：《中国通史》第1册，人民出版社1994年版，第189页；翦伯赞主编：《中国史纲要》第1册，人民出版社1979年版，第75页；白寿彝总主编，徐喜辰、斯维至、杨钊主编：《中国通史》第3卷《上古时代》，上海人民出版社1994年版，第482页；钱穆：《秦汉史》，（台北）东大图书公司1987年版，第4页；杨宽：《战国史（增订本）》，上海人民出版社1998年版，第210页；林剑鸣：《秦史稿》，上海人民出版社1981年版，第191页；其余各类专门史及专题论文亦持相同观点，不再详列。

② 《史记》卷68《商君列传》，中华书局1959年版，第2230页。

赋"既可以解释为对不分家的丁男加倍征赋（一丁出两赋），也可以解释为对不分异的家庭加倍征赋（一户出两赋）。

"倍其赋"的具体含义可以有不同的解读，这是主张强制分户说的学者所忽略的问题，而它恰恰是强制分户说能否成立的关键所在。

若把"倍其赋"理解为是对丁男加倍征赋，商鞅强制分户说是能够成立的：因为在不分异就要每丁出两赋的政策下，一个拥有两个成年男子的家庭，若不分家，需出四份赋税；而分为两户后，一户只有一丁，自然免除了"倍其赋"的惩罚，只需一丁出一赋，两户合计也只有两份赋税，民众只能将多丁的扩大家庭拆分为单丁的核心家庭。

但若把"倍其赋"解释为是对家庭加倍征赋时，情况就完全不同了：家有二男者，不分家，固然要多纳一份赋税，分为两户，也需各交一份赋税；分家并不能减少所纳赋税的总量，继续合居也不会增加赋税总额，是否分家，完全取决于自己，商鞅强制分户说便不攻自破。

由此来看，商鞅是否强制民众分户，关键要看"倍其赋"是针对丁还是针对户，在这一问题没有得到解决以前，不能仅凭《史记》含混不清的记载就直接得出所谓商鞅强制分户的结论。

那么，商鞅"倍其赋"的对象究竟是丁还是户呢？这取决于"赋"的性质及征收单位。因为，"倍其赋"的本意是指加倍征赋，确切地说，是对原来的赋税征收单位加倍征纳赋税，故赋税征收单位是理解"倍其赋"对象的关键所在，如果当时的"赋"是口赋、以丁为征收单位，加倍征赋的对象自然是丁，"倍其赋"就是要求一丁出两赋；但若当时的"赋"是户赋、以户为征收单位，加倍征赋的对象当然是户，"倍其赋"则是要求一户出两赋。

　　然而，关于"倍其赋"中"赋"的性质及征收单位，《史记》没有进行任何说明，唐代张守节在《史记正义》中将"倍其赋"解释为"民有二男不别为活者，一人出两课"，① 按照张氏的说法，赋似乎应是按丁征收的口赋，因为只有以丁男作为赋税的征收单位时，"倍其赋"才会导致丁男"一人出两课"。但张守节没有提出赋是口赋的证据，也无确凿证据证明这一点。直到今天，学界仍没有统一的意见。

　　既然如此，凡是认为商鞅以重赋作为强制分户手段的学者，首先要论证的当然是"赋"的性质及征收单位这一基本问题，只有证明"赋"是按丁征收的口赋，强制分户说方能有理有据。

　　但主张商鞅强制分户的学者或许没有意识到赋税征收单位是理解"倍其赋"对象的关键所在，也没有意识到商鞅强制分户说只能在"倍其赋"是指对丁男加倍征赋的特定解释下才能成立，故对于"赋"的征收单位，意见居然也各不一致：有的认为按户征收；② 有的认为按人口征收；③ 有的则模棱两可地说按户按人口征收。④

　　在主张商鞅强制分户的学者内部发生这种纷争，令人尴尬——主张"赋"是户赋、以户为征收单位的，是自己驳倒了自己。

　　既然主张强制分户说的学者在事关他们结论能否成立的基本问题上都不能达成共识，我们就有理由认为，强制分户说臆测的成分居多，缺乏必要的立论依据，不能令人信服。故商鞅是否以重赋强迫民众分家，还是一个悬案，有待于进一步讨论。

　　那么，商鞅到底有没有以重赋来强迫民众分家析户呢？如前所

---

① 《史记》卷68《商君列传》附《史记正义》，中华书局1959年版，第2231页。
② 田昌五、臧知非：《周秦社会结构研究》，西北大学出版社1996年版，第332页。
③ 林剑鸣：《秦史稿》，上海人民出版社1981年版，第190页。
④ 杨宽：《战国史（增订本）》，上海人民出版社1998年版，第209页。

述，《史记》的记载并不能直接回答这一问题，解决问题的关键在于"倍其赋"的对象是丁还是户，而"倍其赋"的对象又取决于"赋"的性质及征收单位。这样一来，商鞅是否强制分户的问题实际上就可简化为"赋"的性质及征收单位是什么。

学界一般认为，"倍其赋"的"赋"与《史记·秦本纪》所言秦孝公"十四年（前348），初为赋"中的"赋"是同一回事。① 迄今为止，还没有任何直接的证据可以证明"赋"是按丁或按人征收的口赋。

所谓"赋"是口税的说法，或源于董仲舒的比附之言。《汉书·食货志上》载董氏在给汉武帝奏疏中说："（秦）用商鞅之法……力役三十倍于古；田租口赋，盐铁之利，二十倍于古。"② 唐代张守节的《史记正义》、明代董说的《七国考》、清代孙楷的《秦会要》等古籍，也沿袭了董氏之说，将"倍其赋"释为口赋。

其实，董氏本意在于说明秦法苛重，为更能说明问题，故以汉制比附古制，"田租口赋，盐铁之利"都是汉制，并不能证明秦国的"赋"就是丁口税。故对于这段议论，不能机械地理解。

若拘泥于董氏原文，固然可以从中推定秦国已有"田租口赋，盐铁之利"；但从中也可以推导出"田租口赋，盐铁之利"在上古时

---

① 《史记》卷5《秦本纪》把"初为赋"记在秦孝公十四年（前348），而同书卷68《商君列传》又把商鞅"倍其赋"记在第一次变法时（前356），以此来看，"倍其赋"早于"初为赋"，似乎"倍其赋"所说的"赋"与"初为赋"中的"赋"不是一回事。杨宽先生认为商鞅"倍其赋"肯定在孝公"初为赋"之后，"《商君列传》只是为了行文方便，在谈初变法时，把先后颁布的法令放在一起叙述罢了。"［参见其著《战国史（增订本）》，上海人民出版社1998年版，第209页。］现大多数学者亦认为商鞅"倍其赋"至少不会早于孝公的"初为赋"，也有可能是同时颁布实施的。《资治通鉴》卷2《周纪二》载：周显王二十一年（前348），"秦商鞅更为赋税法行之"（上海古籍出版社1987年影印本，第11页中栏）。将"倍其赋"与"初为赋"记为同时。

② 《汉书》卷24《食货志上》，中华书局1962年版，第1137页。

代就已出现，只不过秦国的田租、口赋和盐铁税比上古时期重二十倍而已。这种推论显然令人难以置信。

因为，无论董氏所谓的"古"是指夏、商还是西周，其剥削方式都是力役地租，是没有田租和口赋的，当时也没有冶铁业，更谈不上什么盐铁之利了。同理，所谓"今秦之发卒也，有万死之害，而亡铢两之报，死事之后不得一算之复"①的议论，也是晁错以汉制比附秦代，用来说明秦之不得人心，不能据此认为秦国已有按丁征纳的算赋。

其实，"倍其赋"中的"赋"应是按户征收的户赋，这在秦简中有明确的记载。《睡虎地秦简·法律答问》："可（何）谓'匿户'及'敖童弗傅'？匿户弗繇、使，弗令出户赋之谓殹（也）。"律文中明确提到"户赋"的名称，足以证明秦国的"赋"是按户征收的户赋。

从商鞅若不分异则"倍其赋"的立法原意上看，"赋"也应是按户征收的户赋。如果"赋"是按人丁征收的口赋，那么一户中丁多丁少都不影响国家的户赋收入总量，对不分异者加倍征赋，毫无道理可言。商鞅颁布此项法令的目的，就纯粹是为了强迫民众分户。但强制分户的意图何在？我们却很难作出令人满意的解释。

只有当我们把"赋"看作户赋时，"倍其赋"的初衷则不难理解，是为了增加财政收入。因为"赋"按户征纳，家有二男以上而不单独立户，既减少了国家的财政收入，而且人丁少的小家庭与人丁多的大家庭承担同等的赋税额，又造成了户税征收中的不平等，故对不分异的大家庭加倍征赋。

---

① 《汉书》卷49《晁错传》，中华书局1962年版，第2284页。

　　至于多丁的大家庭，在新的赋税制度下，是继续保持原有的同居规模还是分异为小家庭，则属家庭内政，政府不应该也没有必要进行干预。只是《史记》"民有二男以上不分异者，倍其赋"的叙述方式容易使人误入歧途，以为商鞅"倍其赋"的目的在于强迫民众分家析户。同一项法令，《资治通鉴》则记为"秦商鞅更为赋税法行之"，① 直截了当，绝无歧义。

　　由此可见，秦国当时的"赋"是按户征纳的户赋，那么，"倍其赋"的对象就绝不是丁男而应该是户。既然是户，户有二男者，是否分异既不会增加也不会减少户赋的数量，分异与否，完全取决于自己，怎么能说商鞅用重赋政策强制让民众分家析户呢？

　　所谓商鞅强制分户的另一证据仍是《史记·商君列传》中"而令民父子兄弟同室内息者为禁"② 的记载。相当多的专著中，认为这是一条商鞅禁止父子兄弟同居共财的法令。其实，此处所说的"室"与家或户的含义不同，是专指卧房，③ 只是禁止父子兄弟同室而寝。

　　同室而寝，原为狄（翟）人风俗，是指一家人，无论男女老少，无论几对夫妇，同住在一个卧室之中。汉代应劭《风俗通》佚文曾说："（狄人）父子嫂叔，同穴无别。"④ 商鞅自己也对这一法令作过专门的解释："始秦戎翟之教，父子无别，同室而居。今我更制其教，而为男女之别。"⑤

---

　　① 《资治通鉴》卷 2《周纪二》"周显王二十一年"条，上海古籍出版社 1987 年影印本，第 11 页中栏。

　　② 《史记》卷 68《商君列传》，中华书局 1959 年版，第 2232 页。

　　③ ［韩］尹在硕：《睡虎地秦简〈日书〉所见"室"的结构与战国末期秦的家族类型》，《中国史研究》1995 年第 3 期。

　　④ 《资治通鉴》卷 33《汉纪二十五》"汉成帝绥和二年九月庚申"条胡三省注引应劭《风俗通》佚文，上海古籍出版社 1987 年影印本，第 221 页下栏。

　　⑤ 《史记》卷 68《商君列传》，中华书局 1959 年版，第 2234 页。

此条记载原本不应该也不可能作为商鞅强制分户的依据，一些肯定商鞅强制分户的学者也没有将之作为证据，认为只是除戎翟旧俗而已。但仍有相当多的学者，将此条和"民有二男以上不分异者，倍其赋"的记载联系起来，硬是把一条重人伦、别男女的法令曲解为强制分户的法令。

与其说这是商鞅在变法中推行强制分户的证据，还不如说是商鞅推行强制分户的反证。因为，如果商鞅确实已经用重赋政策推行单丁的核心家庭，那么一户中就不可能会同时有父子兄弟，为何还要明令禁止同室内息呢？这恰恰说明商鞅"倍其赋"的目的、作用并不在于用重赋来分家析户，秦国内父子兄弟同居一家的现象仍很普遍，所以才禁止他们同室内息。

由上述可知，所谓商鞅实行强制分户措施的结论，确实出自对史籍资料的误读，并无真凭实据。那么，对这两条并不难懂的史料，学界为什么会出现如此普遍的误读呢？原因恐怕在于史家对商鞅变法的性质与目的存在着认识上的偏差。

商鞅变法的性质，多年来因为和古史分期问题纠缠在一起，难免产生认识上的错位。战国封建论者往往从社会革命、阶级斗争的角度来看待商鞅变法，认为是"地主阶级进一步向奴隶主贵族争权的一场激烈斗争"；[①] 西周封建论学派也从社会变革的深度来认识商鞅变法，说变法使"领主制度的秦国从此变为了地主制度的秦国"。[②]

于是，两派学者皆认为变法中的每一项措施都是对旧制度的彻底否定。其他学者也受到影响，往往过分强调商鞅不法古、不循礼

---

① 郭沫若：《中国史稿》第 2 册，人民出版社 1979 年版，第 17 页。
② 范文澜：《中国通史》第 1 册，人民出版社 1994 年版，第 191 页。

的叛逆性格，而忽视了他思想中的伦理化倾向，[①] 给商鞅的每一项主张都贴上反传统的标签，商鞅变法中的所有措施都提升到弃旧立新的高度。于是，一条重人伦、别男女的禁"同室内息"被曲解为强制分户的法令。

平心而论，商鞅变法确为中国历史上的重大事件，所推行的一些措施的确也是对传统制度的否定。但否定主要表现在政治方面，如实行中央集权、提倡刑无等级、改革爵位制度等。而经济、社会两方面的改革措施中，除去废井田一项，其余的改制并没有否定传统制度的意向，如奖励耕织、抑止商业、统一度量衡等。

甚至有些措施反而是在向传统制度靠拢。如前引"而令民父子兄弟同室内息者为禁"的法令，明显是在向传统伦理看齐；胡三省在评论此项措施时说："秦用西戎之俗，至于男女无别，长幼无序，商君今为之禁。古道也。"[②] 可谓确评。又如禁子女告父母，也是重人伦的表现。[③] 此外，《睡虎地秦简》中区别对待"公室告"与"非

---

① 曾振宇先生撰文认为，商鞅治秦，虽力倡轻罪重刑，但商鞅思想中的终极理想社会形态却又是政治道德化的社会，重刑的目的是立德，商鞅本质上是一个法伦理化的思想家（曾振宇：《商鞅法哲学研究》，《史学月刊》2000 年第 6 期）。在突破传统说法、正确认识商鞅思想方面，带了一个好头。

② 《资治通鉴》卷 2《周纪二》"周显王十九年"条胡三省注，上海古籍出版社 1987 年影印本，第 11 页上栏。

③ 史家多以为商鞅行连坐、奖告奸、禁互隐，这种看法是有问题的。乔伟先生认为："在秦朝同居相隐不为罪虽未上升为普遍的法律原则，但也不允许子告父、奴告主"（乔伟：《唐律研究》，山东人民出版社 1985 年版，第 132 页）。范忠信先生也以《商君书·禁使篇》中"夫妻、交友不能相为弃恶盖非……民人不能相为隐"和《睡虎地秦简·法律答问》中"子告父母，臣妾告主，非公室告，勿听。而行告，告者罪"两条史料互证，认为商鞅只是"鼓励夫妻、朋友、邻里之间互告犯罪，但并未鼓励子女告发父母……（子女当为父母隐匿）不许告发父母或证实父母有罪"（范忠信：《中西法律传统中的"亲亲相隐"》，《中国社会科学》1997 年第 3 期）。

公室告"①、严惩不孝罪②的规定，表明了秦律对家庭伦理关系和父权的维护与肯定，也从一个侧面说明，商鞅在社会礼俗方面的改制，远没有人们想象的那样激进。

商鞅变法的目的，在于强兵富国，改变秦国的落后局面，最终雄霸天下。富国强兵显然应该是我们解释"倍其赋"意图的出发点。如果把"倍其赋"看作为了增加财政收入的赋税改革，则符合富国的变法宗旨。若把"倍其赋"看作强迫分家析户的措施，则显然有悖于变法的基本宗旨。

要达到富国强兵的目的，社会稳定自然是前提与条件，而强迫民众分家析户，会引发诸多的社会问题，进而造成社会动乱，不仅难以实现强兵富国的终极目标，弄不好，还会造成家破国亡的惨剧！强制分户显然于国于民都没有益处，或许有些主张强制分户说的学者也隐约觉察到了这一点，于是，寻找各种理由来论证商鞅强制分户的合理性与必然性。但他们寻找的理由大多似是而非，难以服人。

有些学者认为是出于瓦解血缘组织、打击宗族势力的需要。③ 不

---

① 《睡虎地秦简·法律答问》："'公室告'【何】殹（也）？'非公室告'可（何）殹（也）？贼杀伤、盗它人为'公室【告】'；子盗父母、父母擅杀、刑、髡子及奴妾，不为'公室告'"；"可（何）为'非公室告'？主擅杀、刑、髡其子、臣妾，是谓'非公室告'"（睡虎地秦墓竹简整理小组：《睡虎地秦墓竹简》，文物出版社1978年版，第195—196页）。可见，"非公室告"是指父或家长对子女、奴妾的侵犯，此类行为，按秦律的规定，即使子女、奴妾告发，官府也不受理，反而要制裁告发者（参见睡虎地秦墓竹简整理小组《睡虎地秦墓竹简》，文物出版社1978年版，第196页）。其维护父权伦理的意图十分明确。

② 《睡虎地秦简·法律答问》："'殴大父母，黥为城旦舂。'今殴高大父母，可（何）论？比大父母"；"免老告人以为不孝，谒杀，当三环之不？不当环，亟执勿失"（睡虎地秦墓竹简整理小组：《睡虎地秦墓竹简》，文物出版社1978年版，第184—195页）。另《睡虎地秦简·封诊式》所载案例中，有两例是父控子不孝，请求官府将其杀死和断足流放，官府完全予以照办（参见睡虎地秦墓竹简整理小组《睡虎地秦墓竹简》，文物出版社1978年版，第261、263页）。足见法律对孝悌伦理的肯定。

③ 田昌五、臧知非：《周秦社会结构研究》，西北大学出版社1996年版，第279—280页。

可否认，商鞅在政治上的改革以打击贵族势力、加强中央集权为主要目标。而宗族血缘组织是贵族势力的重要支撑点，依仗宗族势力，贵族上可以威胁君主，下可以对抗官府，确有限制的必要。但限制宗族势力，应从减轻小农对贵族的依附、强化国家对人口的控制权入手。

商鞅在这方面也颇费心机，主张"四境之内，丈夫女子皆有名于上，生者著，死者削"①；变法令中有"令民为什伍""而集小（都）乡邑聚为县，置令、丞"② 等措施；秦律中也有相应的"傅籍"（户籍登记）制度。

如果要用强制分户来打击宗族势力、消除聚族而居，除非把一个家族分别迁移到若干个地区，仅靠在一地分家析户也无济于事。因为，宗族势力的发展是与依附关系紧密结合在一起的，而依附关系的产生，根源在于小农的自我保护能力极低，有着农奴化的倾向。缩小家庭规模并不能阻止宗族中的势力人物利用经济优势和血缘关系来发展依附关系，汉末魏晋宗族势力的崛起，就是极好的例证。甚至可以反过来说，家庭规模越小，其经济实力也就越低，导致依附关系的可能性也就越高。

况且，小农经济与聚族而居本身就是孪生兄弟，农业经济需要定居生活，加之工商业欠发达，社会结构单一，人口的流动与迁徙也极少发生，聚族而居难以避免。欲改变之，当从发展工商业、促进社会多元化与职业分化、增加人口流动等方面入手。而商鞅变法处处要发展农耕经济，加强人口与土地的紧密结合，禁止弃农从商，又如何能够仅靠强制分户来瓦解宗族血缘组织呢？

---

① 《商君书·境内篇》，诸子集成本，中华书局1954年版，第33页。
② 《史记》卷68《尚君列传》，中华书局1959年版，第2230—2232页。

还有些学者从经济的角度来说明强制分户的合理性。认为分家析户"便于开垦荒地，扩大农业生产"[1]。说一夫一妇的小家庭更便于开垦，似难以成立。拓荒是艰苦的劳动，需要人力、物力的集合，大家庭应该更占有优势。

也有人认为"父子兄弟各立门户，可以加强生产中的自动性，防止一家人相互依赖，劳逸不均"[2]。在富裕之家或累世同居的超大规模的家庭中，这种情况较为常见，分家确实有助于生产积极性的提高。但户仅两男的小户人家，每个人只有艰辛劳作，才能维持生计，还奢谈什么相互依赖？

另有人认为，家庭人口多，就不能有足够的生产资料与劳动力相结合，势必出现剩余人口，无从发挥劳动能力。[3] 其实，决定生产资料与劳动力相结合程度的主要因素是家庭经济状况而非家庭模式。持此观点的作者，自己也承认在大家庭分裂为小家庭后，并没有解决生产资料不敷分配及与劳动力结合不良的问题，只是自立门户后，生产积极性提高了。

可见，学者们为商鞅强制分户寻找的理由，不乏牵强之处，难以令人信服。退而言之，即便以上所说强迫分家的理由都能成立，强制分户也缺乏实际操作的可能性。

分家是非常复杂的事务，不仅涉及财产分割、生产工具与土地的划分、老龄人口的抚养、新建住宅等一系列实际问题，也涉及孝悌、尊卑、长幼、亲疏等家庭伦理问题；而且在当时家庭的生产职能还十分突出的情况下，强制分家还可能会对社会生产带来很大的

---

① 杨宽：《战国史（增订本）》，上海人民出版社 1998 年版，第 210 页。
② 范文澜：《中国通史》第 1 册，人民出版社 1994 年版，第 190 页。
③ 喻长咏：《西汉家庭结构和规模初探》，《社会学研究》1992 年第 1 期。

负面影响。所以，强迫民众分家析户，需要付出巨大的成本开支，潜伏的危险因素太多，会引发诸多的社会问题，商鞅不可能也没有必要颁布如此荒唐的法令。

二 从简牍资料看秦的家庭结构与同居规模

长期以来，每当在论及秦的家庭制度时，人们总是认为祖孙三代的扩大家庭在秦国及秦朝极为罕见，核心家庭是当时主要的家庭形态。[①] 这一论点的主要依据是所谓商鞅在变法中用重赋及刑罚措施强迫有两个成年男子的家庭分家别户，由于商鞅推行了一家一丁的制度，所以核心家庭成为秦朝主要的家庭形态。其实，如前所述，商鞅强制分户说只是误读史籍记载的结果，并没有可靠的依据。从简牍资料来看，秦时的家庭结构也并不是以核心家庭为主，而是以扩大家庭为主。

时常被用来证明秦汉家庭结构多为核心家庭的旁证材料是《汉书》卷48《贾谊传》中的一段议论：

> 商君遗礼仪，弃仁恩，并心于进取，行之二岁，秦俗日败。故秦人家富子壮则出分，家贫子壮则出赘。借父耰锄，虑有德色；母取箕帚，立而谇语。抱哺其子，与公并倨；妇姑不相说，

---

① 张金光：《商鞅变法后秦的家庭制度》，《历史研究》1988 年第 6 期；孙达人：《试给"五口百亩之家"一个新的评价》，《中国史研究》1997 年第 1 期；龚书铎总主编，曹文柱、朱汉国副总主编，李瑞兰主编《中国社会通史》（先秦卷）、曹文柱主编《中国社会通史》（魏晋南北朝卷），山西教育出版社 1996 年版。只有个别学者认为"三世同堂家族（庭）类型是战国末期秦国的典型家族（庭）类型"，"战国时期随着社会经济的变化，出现了一部分单婚小型家族（庭），但它没有成为当时社会一般的典型的家族（庭）类型"（参见 ［韩］尹在硕《睡虎地秦简〈日书〉所见"室"的结构与战国末期秦的家族类型》，《中国史研究》1995 年第 3 期）。

则反唇而相稽……（入汉）然其遗风余俗，犹尚未改。①

　　很多论著都据此认为，秦国人家子壮或出分或入赘，极少有父子同居者。贾谊此论，旨在提醒文帝匡正风俗，言语中难免夸大其词，此种议论性的文句，可信度很低，不足为凭。

　　实际上，从相关记载来看，秦国人以入赘为耻，入赘不会是秦国的风俗习惯：

　　　赘婿后父，勿令为户，勿鼠（予）田宇。②
　　　赘婿后父……寡人弗欲。且杀之，不忍其宗族昆弟。今遣从军，将军勿恤视。③

　　以上两条是《睡虎地秦简·为吏之道》中所引魏国《户律》和《奔命律》的律文。两条虽魏国法律，被抄录于秦法之中，是因其精神与秦法相近。另《汉书·食货上》中说："至于始皇……收泰半之赋，发闾左之戍。"应劭注云："秦时以适发之，名适戍，先发吏有过及赘婿、贾人。"④ 秦国及秦朝对赘婿的歧视可见一斑。如果秦人果真是"家贫子壮则出赘"，入赘已是普遍的社会风俗，赘婿为什么还会遭受如此严重的歧视呢？

　　退一步说，就算入赘是秦国的流行习俗，但律文中规定赘婿不得立户，也不予田宅，赘婿就实际上无法组建核心家庭，只能和岳

---

① 《汉书》卷 48《贾谊传》，中华书局 1962 年版，第 2244 页。
② 睡虎地秦墓竹简整理小组：《睡虎地秦墓竹简》，文物出版社 1978 年版，第 293 页。
③ 睡虎地秦墓竹简整理小组：《睡虎地秦墓竹简》，文物出版社 1978 年版，第 294 页。
④ 《汉书》卷 24 上《食货志上》，中华书局 1962 年版，第 1126 页。

父母组成大家庭，故赘婿越多，大家庭也就越多。可见，无论如何也不能拿赘婿多来论证秦的家庭形式以核心家庭为主。

讨论秦代的家庭结构，应该避免使用带有强烈主观倾向的议论性文句，应选用可信度高的客观性资料。如睡虎地秦墓发现的简牍材料中，就有一些反映当时家庭结构的珍贵材料。其中，十一号秦墓出土的《睡虎地秦简·封诊式》"封守"条记载了一个住宅为一宇（堂）二内（室）、家人只有二代四口的小家庭；[①] 而四号秦墓出土的 6 号和 11 号木牍上的家书则记载了一个大家庭：

> 惊敢大心问衷，母得毋恙也……钱衣，母幸遣钱五六百……惊多问新负（妇）、婉皆得毋恙也？新负（妇）勉力视瞻两老。

> 黑夫、惊敢再拜问中（衷），母得毋恙也？黑夫、惊毋恙也……遗黑夫钱，毋操夏衣来。[②]

惊、黑夫两兄弟被同时征发兵役，同编在一军，两人都曾写信向母及兄长衷要钱要衣，惊在信中还提到了自己的妻女，并要求兄长照料好自己的女儿。证明兄弟三人与母亲组成了一个三代同居的扩大家庭。[③] 说明秦时的家庭类型中，核心家庭与扩大家庭是同时并存的。

两例资料的真实性都毋庸置疑，但前一条被广泛引用，甚至已是学者笔下秦代家庭的标准模式，后一条则极少被用来说明当时的

---

① 考古训练班：《湖北云梦睡虎地十一座秦墓发掘简报》，《文物》1976 年第 9 期。
② 李均明：《秦汉简牍文书分类辑解》，文物出版社 2009 年版，第 113 页。
③ 考古训练班：《湖北云梦睡虎地十一座秦墓发掘简报》，《文物》1976 年第 9 期。

家庭结构。这表明学者在探讨秦的家庭结构时，先入为主的倾向较为严重，从而影响到他们对史料的取舍。

那么，这两种家庭类型，哪一种占据主导形式呢？答案恐怕还得在秦简中寻找。《睡虎地秦简》中还有一些虽没有明确记载家庭人口数，但似乎可以反映家庭结构的材料。兹列如下：

第一组：

夫盗千钱，妻所匿三百，可（何）以论妻？

夫盗三百钱，告妻，妻与共饮食之，可（何）以论妻？

削（宵）盗，臧（赃）直（值）百一十，其妻、子智（知），与食肉，当同罪。

削（宵）盗，臧（赃）直（值）百五十，告甲，甲与其妻、子智（知），共食肉，甲妻、子与甲同罪。

夫、妻、子五人共盗，皆当刑城旦。

夫、妻、子十人共盗，当刑城旦。

某里士五（伍）甲告曰："谒鋈亲子同里士五（伍）丙足，臎（迁）蜀边县。"

某里士五（伍）甲告曰："甲亲子同里士五（伍）丙不孝，谒杀，敢告。"

某里典甲曰："里人士五（伍）丙经死其室……"即令令史某往诊……与牢隶臣某即甲、丙妻、女诊丙。[①]

以上九组材料中，提及的当事人家属或只有妻、子（女），或是

[①] 以上九条分别见于睡虎地秦墓竹简整理小组《睡虎地秦墓竹简》，文物出版社 1978 年版，第 157、157、158、158、209、209、261、263、267 页。

父子同里不同家，可以作为秦代多核心家庭或父子异居的佐证。

第二组：

> 一室二人以上居赀赎责（债）而莫见其室者，出其一人，令相为兼居之。

> 戍律曰：同居毋并行。

> 人奴妾盗其主之父母，为盗主，且不为？同居者为盗主，不同居不为盗主。

> 父子同居，杀伤父臣妾、畜产及盗之，父已死，或告，勿听。①

以上四条中的第一条允许一家中有两丁同时以劳役抵债而无人照料家室的可以轮流服役，第二条则要求官吏不能把共同居住的丁男同时征发边戍，证明秦国存在成丁在两个以上的扩大家庭；后两条中，子自有奴妾或具备杀伤臣妾、畜产的能力，都已成年，但仍和父亲共同居住。可作为秦代扩大家庭和父子同居的证明材料。

单就数量而论，秦简中反映核心家庭或成年儿子与父母异居的材料要远远多于反映扩大家庭或成年儿子与父母同居的材料，但不能据此就认为核心家庭是秦代社会家庭结构的主导模式。

第一组材料中的后三条，所反映出的确为核心家庭或父子异居。而另外六件关于盗窃的法律解释中，虽然提及的罪犯家属只有妻、子，但罪犯的家庭不一定必然是核心家庭。秦律规定："'盗及者（诸）它罪，同居所当坐。'可（何）为'同居'？户为'同居'。"②

---

① 以上四条分别见于睡虎地秦墓竹简整理小组《睡虎地秦墓竹简》，文物出版社 1978 年版，第 85、147、159、197—198 页。

② 睡虎地秦墓竹简整理小组：《睡虎地秦墓竹简》，文物出版社 1978 年版，第 160 页。

即只要与盗犯共居一家者，无论是父母、兄弟、还是妻、子，都要从坐，即便不参与盗窃活动甚至完全不知情，亦不例外。所以，由盗窃行为而导致的株连范围，才可以真实反映盗犯本人的家庭构成情况。而上引的六个案例中，都是对盗犯参与盗窃、隐匿赃物和消费赃款的妻与子如何处置的规定。

按秦法的规定，丈夫行窃，妻与子无论如何都要受到牵连，只不过处罚较盗犯本人轻一些而已。现在，妻与子在一定程度上都参与了犯罪活动，等于共同犯罪，就不能适用处罚较轻的从坐律，应该与盗犯同罪，加重处罚。因此，六个盗案法律答问中涉及的盗犯亲属，只是应与盗犯同罪的人，而非应受从坐的全部亲属，不能排除盗犯还有其他同居亲属（如父母、兄弟姐妹）受到从坐处罚的可能。所以，这六个盗案的法律答问不一定能够作为秦代多核心家庭的佐证。

退一步说，即便我们把以上关于盗案法律答问中盗犯的家庭全部看作核心家庭，也不能证明核心家庭是当时家庭结构的主要类型。理由有四。

第一，就两组材料本身的性质来看，第一组所谓体现核心家庭的材料，都是具体的案例，反映的是个别社会现象。且案例的组成，充满了偶然性，即使案例中所反映出的家庭类型全部为核心家庭或扩大家庭，也不足证核心家庭或扩大家庭是当时家庭的主要形态。第二组体现扩大家庭的材料，则是总体的法律原则，反映的是一般社会现象，第二组更具代表性，更适合作为讨论家庭结构的依据。因为，只有当某种社会现象呈现出较为普遍的特点时，法律才会制定出相应的规范原则。秦之家庭结构中，户有二丁及二丁以上的扩大家庭较为普遍，法律中才会对扩大家庭如何征发边戍、如何调整家庭内部父子关系等作出规定。

第二，一般来说，家庭的结构与规模取决于家庭的经济状况，经济实力越强，家庭的规模也就越大，古代社会中累世同居、家族一体的超大型家庭，多发生于仕宦、豪富阶层，即是明证。而第一组材料都是盗窃、父子纷争的事例，此类事件多发生于经济窘困、文化程度较低的社会下层之中，经济实力限制了他们的家庭规模，即使这一阶层中核心家庭占据主流，也不代表全社会各阶层皆是如此。

或许有人会说，古代社会士、农、工、商四个阶层中，农民阶层最为普遍，占据了社会的绝大多数，而案件当事人都是小农，他们可以代表农民阶层，也就代表了社会的绝大多数。

其实，农民作为一个社会阶层，内部仍包含着若干个层级或类别——自耕农、半自耕农、平民佃农、佃仆、国家佃户、农业佃工、农业奴隶、富裕农民、平民地主等。① 而就这九个层级，由于其"社会地位、角色和家庭经济规模、经营方式，拥有的资源、财富水平大不相同。因而，他们的家庭人口、生活方式、生活水平也存在这样或那样乃至悬殊的差别"②。有学者对清代各阶层家庭构成的研究也表明，不同层级间家庭结构的差别较为悬殊，佃农、佃工、脚夫、渔夫等社会下层人员中，核心家庭占据多数；而自耕农、教读、举贡生监、小地主等社会中层人员中，扩大家庭占据多数。③

拙见以为，父告子不孝或从事盗窃活动者，多属于农民阶层中经济状况较差的半自耕农以下的下等层级，还不能代表农民阶层。

---

① 冯尔康：《中国历史上的农民》，馨园文教基金会 1998 年版；转引自王玉波《中国家庭史研究刍议》，《历史研究》2000 年第 3 期。
② 王玉波：《中国家庭史研究刍议》，《历史研究》2000 年第 3 期。
③ 王跃生：《18 世纪中国家庭结构分析——立足于 1782—1791 年的考察》，载《婚姻家庭与人口行为》，北京大学出版社 2000 年版。

真正能够代表农民阶层的，应是自耕农和半自耕农，他们占据了农民的绝大多数。自耕农、半自耕农以及经济状况更好的富裕农民、平民地主，虽然难有能力组建累世同居的特大家庭，但维持一个三代同居的直系家庭还是不成问题的。因此，秦代社会中的大多数人，其家庭构成当为扩大家庭。

第三，对秦简《日书》中"室"之建筑结构的研究表明，秦代扩大家庭居多，核心家庭较为少见。秦的"'室'是按以父母为中心，子女兄弟夫妇及孙子等三代同居的三世同堂家族（庭）类型居住之结构设计的。因此日书作为战国时期秦民间生活指针，反映了当时人立足于生活的共同的思维结构，在此基础上得出的'室'之家族（庭）结构——三世同堂家族（庭）类型，就是民间最为普遍的家族（庭）形态，也是当时人们所认同和向往的家族（庭）类型"①。

第四，从意识形态的方面来看，中国的传统文化崇尚敬宗收族，褒扬累世同居，反对家族成员别居异财。至于父子分居异财，更是有悖常理，历来为伦理道德所不齿。中国人的信念中，家、族一体的超大家庭始终是理想的家庭模式。当然，累代同居的特大家庭，不仅规模庞大，而且成员构成复杂，包括纵（直系）、横（旁系）两大亲属系列，"只有着重孝弟伦理及拥有大量田地的极少数仕宦人家才办得到，教育的原动力及经济支持力缺一不可，一般人家皆不易办到"②。故平民阶层组建家庭，往往比较现实，家庭所包含的亲属范围只能是自己的直系亲属。

---

① ［韩］尹在硕：《睡虎地秦简〈日书〉所见"室"的结构与战国末期秦的家族类型》，《中国史研究》1995年第3期。

② 瞿同祖：《中国法律与中国社会》，中华书局1981年版，第5页。

这种家庭，以父为中心，成员包括直系男性卑亲属以及配偶、未出嫁的女儿、孙女，父死则诸子分异，分别再建立各自的直系家庭。现存的古代各朝法典，都严禁男性卑亲属擅自与直系尊长别籍异财，子孙是无权脱离父祖自行组建核心家庭的，法律对父祖分家析产的行为也有诸多限制。以此为据，中国古代的家庭模式应以直系扩大家庭为主，家庭所包含的直系世数取决于父的寿命。按古代社会的生活条件，一般人的寿命大多能坚持至三世同堂，故三代同居的扩大家庭应是中国古代家庭构成的主导模式。

众所周知，家庭结构具有很强的稳定性，它的变迁需要诸多社会条件长时间的作用。有证据表明，即使在资产阶级革命和工业革命那样深刻而广泛的社会变迁中，家庭结构的变化也非常缓慢，如英国从 17 世纪到 19 世纪，家庭规模大致保持一致，直至 20 世纪初，户均规模才发生较明显的变化。[①]

既然古代社会的家庭结构或同居规模以三代同居为主，而秦国及秦代，影响家庭结构的生产方式、生活条件、家庭职能、婚姻状况、亲属观念、社会风气等诸多方面，与两汉甚至与唐宋明清并无实质差别，祖孙同居或扩大家庭同样也应是秦时家庭结构的主导形式。

综上所述，我们可以得出一个与学界目前通行意见相反的结论：即秦的家庭结构以扩大家庭为主，三代同居是社会的一般常态。这一结论或许也可以作为商鞅在变法中并没有强迫民众分家析户的佐证。

最后，尚需说明的是，虽然商鞅在变法时并没有以重赋刻意去强迫民众分家析户，但他对有二男而不分异的家庭加倍征赋，也可以说是一项不鼓励大家庭存在、不支持累代同居的"义门"发展的

---

① ［奥］迈克尔·米特罗尔、雷因哈德·西德尔：《欧洲家庭史》，赵世玲、赵世瑜、周尚意译，华夏出版社 1987 年版，第 25 页。

措施，客观上起到了诱发大家庭分化、亲属同居规模缩减的作用。当然，对于这种分化作用，不能估计得过高。有学者认为，虽然由于社会经济的变化及受商鞅法令的影响，出现了核心家庭，但当时的家庭结构仍以扩大家庭为主。① 这应该是较为中肯的结论。

第四节　同居共财的含义

同居共财，亦称"同籍共有""同籍共财"，即同居的亲属团体财产共有制。同居共财制度下，不论同居规模大小，一个同居单位即是一个共财单位，财产由血缘团体共同拥有所以权，杜绝、禁止个人的私有权。这是礼法的一致规定，也是中国古代财产权制度上的主要特征。

人类社会的所有权关系中，共有制度是重要的形式。英国法史学家梅因在《古代法》中认为，最初的财产形式是与家族权利及亲族团体权利有联系的形式，换言之，所有权与人格权是混杂在一起的。人格权既不独立，所有权也很难独立。梅因考察了印度、俄罗斯及斯拉夫人早期的财产权制度，发现家族共同所有财产的情况非常普遍，最后得出结论，在早期阶段，财产不属于个人，甚至也不属于个别的家族（庭），而是属于按照宗法模型组成的较大社会所有。②

梅因对印度南部村落共产体的研究表明，有些共产体并不是由血亲集团构成的，一个共产体内有两个以上的家族，还有一些是人

---

① ［韩］尹在硕：《睡虎地秦简〈日书〉所见"室"的结构与战国末期秦的家族类型》，《中国史研究》1995 年第 3 期。

② ［英］梅因：《古代法》，沈景一译，商务印书馆 1959 年版，第 147—151 页。

为构造的，聚合有不同族籍的人们。这种共同体，在梅因看来，有一个共同祖先的传统或假定，财产是开拓这个村落的一个人或几个人的后裔，①实际上可看作拟制的血亲集团。但其他共有团体，如俄罗斯、斯拉夫，包括印度北部，血缘团体的特征非常明显。

中国古代的礼法，一贯倡导共财。礼制中提倡大功同财，《仪礼·丧服》中有"子无大功之亲"之语，郑玄注："大功之亲，谓同财者也。"贾公彦疏曰："谓同财者也。"②可知，大功亲属与同财者是同一个概念，也就是说大功亲属必须同财，即要求祖孙三代的亲属实行共财制度。

大功同财，是礼制的最低要求，如果一个家族能够做到小功同财，甚至缌麻同财，当然是受礼制欢迎和赞赏的。但这如前所述，有相当的难度，所以礼制没有作硬性的规定。但大功同财是必需的，《仪礼·丧服》要求同祖兄弟就是异居也要同财，可知大功同财是必须的。

后世之法律将大功同财引申为同居共财，现存各朝律典的规定都是相同的，《唐律疏议》云："称同居亲属者，谓同居共财者。"③《大清律例》在释"同居"时，也称同财共居者。④也就是说，凡共同居住的亲属，必须实行共财制。唐以前各朝的律典虽亡佚，但考虑到古代法律在内容上的连贯性，唐以前各代法律在财产关系上，也很可能是以同居共财为原则的。

---

① ［英］梅因：《古代法》，沈景一译，商务印书馆1959年版，第149页。
② （清）阮元校刻：《十三经注疏》上册，中华书局1980年影印本，第1108页下栏。
③ 《唐律疏议》卷16《擅兴》"征人冒名相代"条疏议，中华书局1983年版，第203页。
④ 《大清律例》卷5《名例律》"亲属相为容隐"条，法律出版社1999年版，第120页。

礼制上的"大功同财"与法典的"同居共财"并不矛盾，后者直接承袭了前者。大功亲属是指同祖的三代亲属，而同居的生活群体，一般以父为中心，成员包括直系后代，父死则兄弟分居。故同居集体的规模往往取决于父的寿命。从当时人们的一般寿命计算，父的寿命可以坚持到三世同堂，故同居规模也以祖孙三代为常。所以，大功与同居是可以画等号的，古人也往往将两个概念等同起来。

孔颖达在注《尚书·康诰》时称："故今之律令，大功以上得兼容隐。"① 又邢昺在注《论语·子路》"父为子隐，子为父隐"时也称："今律大功以上得兼容隐。"② 孔颖达是唐代人，邢昺是宋代人，按唐、宋律原文："诸同居……有罪相为隐。"孔、邢将之概括为"大功以上得兼容隐"，就是因为同居与大功意义相当。所以一般情况下，大功同财等于同居共财。

当然，从严格意义上讲，同居共财的含义比大功同财广一些。因为在多数情况下，同居的都是大功及以上亲属，但有些时候，同居的规模远远超出了大功亲的范围，有七八世乃至十余世同居共食。同居共财的规定将这种累代同居的大家庭（族）也包括在内。

同居共财始终是中国古代社会所有权关系方面的主流形式。现存的各朝律典，从唐律到清律都规定同居亲属实行共财制度，禁止同居成员拥有个人私产，成员的所有收入皆不能私自留存，而要上缴同居团体作为共有财产，由家长统一调度、管理成员隐匿收入或擅自处分财产要受法律制裁。

同居共财虽是古代产权关系的主流模式，但也有同居（籍）异财的形式。古代法律虽禁止子孙在祖父母、父母在世时，与尊长别

---

① （清）阮元校刻：《十三经注疏》上册，中华书局1980年影印本，第204页下栏。
② （清）阮元校刻：《十三经注疏》下册，中华书局1980年影印本，第2507页下栏。

籍异财，但若祖父母、父母可以在不另立户籍的前提下，有权让子孙财产分立，组成户（籍）同而财异的家庭形式。《唐律疏议》曰："若祖父母、父母处分，令子孙别籍者，得徒二年……令异财者，明其无罪。"① 《明户令》："凡祖父母、父母在，子孙不许分财异居，其父祖许令分析者，听。"②

可见，父祖虽无权让子孙另立户籍，组成新家，但有权在不另立户籍的前提下，让子孙财产分立，这就是同居异财。但同居异财有悖于孝悌伦理，除非家庭内部财产纠纷十分严重，一般不会同居异财，故同居共财是其主流形式。而同居规模多止于祖孙三代，三世以上较为罕见，也可以说大功同财是古代社会产权关系方面的主流形式。

第五节　同居成员的财产权利

同居共财制度下，一个同居单位即是一个共财单位，但同居成员相互之间的财产权利与义务并不平等，个人的秩序、名分不同，其财产方面的权利、义务也各不相等。

众所周知，强调君臣父子、人伦等级的伦常观念是古代社会占据支配地位的统治思想，各种社会关系，包括政治关系、经济关系、法律关系和家庭关系等都是以它作为准则的。同样地，伦常观念亦深深地植根于家庭财产关系之中，个人在伦常秩序中的名分不同，

---

① 《唐律疏议》卷12《户婚》"子孙别籍异财"条疏议，中华书局1983年版，第236页。

② 《明会典（万历朝重修本）》卷19《户部·户口一·户口总数》，中华书局1989年影印本，第125页。

其权利与义务也各不相等。

一　家长

家长一般是指祖父或父亲，作为一家之主，居于家庭伦常等级的最高层，自然拥有最高的财产权。

第一，家产的管理、调度、处分等。家庭财产由家长全面统筹，家人对于自己的劳动所得，无权处置，必须交由家长统一管理。家产的变卖也须经家长批准。卑幼擅自变卖，是不具备法律效力的。如唐代《杂令》曰："诸家长在（在，谓三百里内非隔阂者）而子孙弟侄等，不得辄以奴婢、六畜、田宅及余财物私自质举及卖田宅（无质而举者，亦准此）。"① 又如宋代规定："如是卑幼骨肉蒙昧尊长，专擅典卖、质举、倚当，或伪署尊长姓名，其卑幼及牙保引致人等，并当重断，钱业各还两主。"② 元代也规定："诸典卖田宅，须经家长书押。"③

第二，决定家庭成员的消费水平。家产的开支须经家长同意，家人若私擅用财来满足自己的消费需要，按法律的规定，要受刑事制裁。《唐律疏议》中说："诸同居卑幼，私擅用财者，十匹笞十，十匹加一等，罪止杖一百。"④《宋刑统》《大明律》《大清律例》中也都有类似的规定。这就意味着家庭成员无权动用家财来满足自己

① ［日］仁井田陞：《唐令拾遗·杂令》，东京大学出版会1983年版，第853页；《宋刑统》卷13《户婚》"典卖指当论竟物业"门引唐代《杂令》，法律出版社1999年版，第230—231页。

② 《宋刑统》卷13《户婚律》"典卖指当论竟物业"门，法律出版社1999年版，第231页。

③ 《元史》卷103《刑法志二·户婚》，中华书局1976年版，第2641页。

④ 《唐律疏议》卷12《户婚》"同居卑幼私辄用财"条，中华书局1983年版，第241页。

的需求,其衣、食、住、用等各方面的消费标准由家长来决定。

第三,决定同居共财或同居异财。在家庭内部,即便子孙已成年娶妻,拥有职业与收入,亦无权在经济上获得独立。各朝法律将尊长在而子孙私擅别籍异财,列为不孝罪之一,予以重惩。这就表示家长有权禁止家庭成员拥有私产,组成由他支配的共财团体。当然,家长如认为有必要让子孙各有私产,便可以分异家产,组成同居而不同财的家庭。法律对出自家长意志的异财行为是持肯定态度的,如《唐律疏议》规定:"若祖父母,父母处分,令异财者,明其无罪。"①

与充分的权利相比较而言,家长承担的义务是非常有限的,法律仅在继承和析产的方面对家长的行为有所约束。

二 男性后裔

是指家长以外的男性成员,他们处于家庭伦常等级的第二层次。尊长健在时,他们虽是所有权的主体之一,但伦理和法律都要求他们必须把所有权权能交付于家长,自己不能私擅、自专。《礼记·内则》上要求"子孙无私货、无私蓄、无私器,不敢私假,不敢私兴"。《唐律》也规定:"凡同居之内,必有尊长。尊长既在,子孙无所自专。"② 可见,只要尊长在世,男性后裔在财产方面承担的义务远远大于其权利。他们既不能私自使用、处分家财;也不能自主支配自己的劳动收入;更不能拥有私产,同居异财。

---

① 《唐律疏议》卷12《户婚》"子孙别籍异财"条疏议,中华书局1983年版,第236页。

② 《唐律疏议》卷12《户婚》"同居卑幼私辄用财"条,中华书局1983年版,第241页。

但是，男性成员毕竟是共有的主体，在家庭中拥有的财产权利仅次于家长：首先是继承权，尊长的财产必须遗留给他们，而不能留于母亲、同辈姐妹或是外人。

其次为析产权，如同居团体共有关系终止时，只有他们具备平均分异家产的权利。若家长生前没有终止共有关系，他们可以在家长过世并满丧期后分析家财，各自组成新的产权单元。析产权与继承权不同的是：继承是接受死者财产方面的权利与义务，是所有权的转移过程；而析产是子孙作为所有权主体将寄存在尊长那里并由他代行所有权权能的财产收回由自己行使权能，只是所有权权能的转移过程。所以笔者将继承权和析产权区别为两种不同的权利。

最后为管理权。家产中既有他们的劳动成果，同时又是家产的承袭者，自然对家产的开支、处分等项事宜具有一定的发言权。如果他们的所得成为家庭主要的收入来源时，其管理权限将会随之扩大。当然管理权比起上列的继承权和析产权，并不是绝对权，而是相对权。因为这一权利往往取决于家长的态度，在一个家长专横的家庭中，男性后辈的管理权可能会被完全剥夺。

三　母亲

母亲的身份是比较特殊的，一方面她是长辈，违背其意志便构成了不孝罪。但另一方面，母权是得之于父权的，所以《礼记·表记》中说"母，亲而不尊"；《仪礼·丧服》中要求"妇人有三从之义，无专用之道。故未嫁从父，既嫁从夫，夫死从子"。所以从伦常的角度看，母亲的地位不如其男性后辈，财产方面享有的权利亦不如他们。她并不是共有的主体，夫在，她无权与他共掌财产；夫死，家产的所有权属于子辈。即便子辈年纪幼小，母亲也不能代子支配财产。

　　母亲虽可以管理幼子财产，但需请夫家的同宗亲属或官府监管。按照元代法律规定：母亲对属于幼子的财产，不能随便处置，需极官知数，待子成年后，尽数归还，不得亏欠。① 若夫死后改嫁，她连处置自身嫁妆的权利亦告丧失。《元典章·户部》载：改嫁者"其随家妆奁财等物，听任前夫之家为主，并不许搬取随身"。② 明清朝的法律也规定："妇人夫亡，其改嫁者，夫家财产及原有妆奁，并听前夫之家为主。"③

　　夫亡守志且又无子的寡妻妾可以代夫承袭家产，但一般需为夫立嗣子，财产实际上是嗣子的。明清律令规定："凡妇人夫亡守志者，合承夫分，须凭族长择昭穆相当之人继嗣。"④

　　由此可见，母亲具有的财产权利是极其有限的。但她毕竟是子孙的长辈，法律还是赋予了与身份相符合的财产权利。

　　首先，丈夫过世后，由她决定同居共财或是同居异财，没有她的许可，子孙不得分割家产，否则以不孝罪论处。这实际上是充分保障了母亲对于生活资料的占有权和使用权。其次，她具有在分析家产时保留一定私财的权利，各朝律令都规定：应分田宅及财物，"妻家所得之财，不在分限"。⑤

---

　　① 《大元通制条格》卷3《户令》"户绝财产"条，法律出版社1999年版，第28—29页。

　　② 《元典章》卷18《户部四·婚姻·夫亡》"奁田听夫家为主"条，陈高华、张帆、刘晓、党宝海点校，中华书局、天津古籍出版社2011年版，第652页。

　　③ 《明会典（万历朝重修本）》卷19《户部·户口一·户口总数》，中华书局1989年影印本，第125页；《大清律例》卷8《户律·户役》"立嫡子违法"条附例，法律出版社1999年版，第179页。

　　④ 《明会典（万历朝重修本）》卷19《户部·户口一·户口总数》，中华书局1989年影印本，第125页；《大清律例》卷8《户律·户役》"立嫡子违法"条附例，法律出版社1999年版，第179页。

　　⑤ 《唐律疏议》卷12《户婚》"同居卑幼私辄用财"条疏议，中华书局1983年版，第242页。后世法律略同。

四　女性后裔

她们居于伦常等级的最低层次，虽然与男性后裔同为父母亲生，血缘上没有远近之区别，但在财产权利方面有着巨大的差异。女性后裔在家庭中享有的财产权利，只是以使用的方式表现出对生活必需品的占有权。而且这种使用并不是在经济条件许可的范围内自由消费，其使用标准由家长来决定。

这对于女性来说是极不公平的，因为家长对消费水平的限定，对男性后裔来说并非一定就是坏事，因为限制的结果往往是日后可分得更多的财产，节约是自己获利。而对于女性后裔来说，限制则毫无积极意义，即使家产因此而日渐积累，她们也不能从中获益，节约是他人得利。女性后裔被排除在所有权主体之外，家产的分析与继承与她们毫无关系。

当然，女性后裔在特定情况下，也可继承家产。

一是发生所谓的"户绝"（家中无子嗣），唐、宋两朝一般允许户绝之产由女儿承受，《宋刑统》引唐代《丧葬令》曰："诸身丧户绝者，所有部曲、客女、奴婢、宅店、资财，令近亲转易贷卖，将营葬事及量营功德之外，余财并与女。"①

但户绝发生的可能性较小，无子的家庭一般都要收养同宗之亲属为嗣子，来继承家业。嗣子分立继和命继两种：立继者，即父母所立嗣子；命继者，是父母死后近亲尊长所立嗣子。立继，就不能视为户绝，亲生女儿即不能继承家产。命继者，女儿与继子共同承袭户绝财产，女儿比例取决于其身份：在室女，可得四分之三，归

---

① 《宋刑统》卷12《户婚》"户绝资产"门，法律出版社1999年版，第222—223页。

宗女可得五分之二，出嫁女可得三分之一。①

到了明清时期，女儿承袭"户绝"资产的权利有所下降。清代规定："户绝财产，果无同宗应继之人，所有亲女承受。"② "户绝"资产，宗亲的继承顺序排到了亲生女儿之前，只有同宗无"应继之人"，财产方由女儿继承。

而且，按当时的法律规定，即使无子之家业已招婿入赘养老，仍以户绝看待，需在同宗亲属中择立嗣子并分给家产："如招养老女婿者，仍立同宗应继者一人，承奉祭祀，家产均分。如未立继身死，从族长依例议立。"③ 这充分体现了同居共财实际上就是同姓共有也就是父宗血缘团体共有制的特征。

二是父母双亡后的分家析产，未出嫁的幼女及归宗女可分得男子一半的财产，称为"女合得男之半"法，④ 目的是解决父母死亡后在室女及归宗女的生活费用。但此规定只见于唐宋，元代以后，无此规定。⑤

综上所述，传统家庭财产关系的基本模式为同籍共财，本书定性为家长支配下的父宗血缘团体共有制；这一体制不仅将女性排除在所有权主体之外，而且按伦常等级来确定个人在财产方面的权利和义务，因此不平等便成为传统家庭财产关系的主要特征。

---

① 《名公书判清明集》卷8《户婚门·女承分》"处分遗孤财产"条，中华书局1987年版，第288页。

② 《大清律例》卷8《户律·户役》"卑幼私擅用财"条附例，法律出版社1999年版，第187页。

③ 《明会典（万历朝重修本）》卷20《户部·户口二·婚姻》，中华书局1989年影印本，第125页。

④ 参见《唐六典》卷3《户部》"郎中员外郎"条注，陈仲夫点校，中华书局1992年版，第79页；《名公书判清明集》卷8《户婚门·分析》"女婿不应中分妻家之财"条，中华书局1987年版，第277—278页。

⑤ 详论参见本书第三章第二节。

第六节　同居共财的性质

对于同居共财的性质，法史学界历来存在着不同的认识。

有些学者认为，古代社会盛行家长制，家长在家族中的地位是绝对的，子女的生死权都操在他手中，更何况财产权？所以，同居共财的财产事实上是家长个人所有。[①] 而滋贺秀三先生在《中国家族法原理》一书中则认为共财和共有是不同的概念，强调共财制下之财产为家长所专有，并非达到真正共财之效果，家长在相当大的范围内享有很大的权力。滋贺秀三认为法律禁止祖父母、父母健在或其死后丧期未满期间别籍、异财的行为，就是肯定了家长制或者是父权的权能。[②]

其实不然，无论从法律规定来看，还是从实际生活的实例来看，共居共有，都不能理解为是家长个人所有。

首先，从法律规定来看，家长持有的是控制权而非所有权。所有权是指财产的全面支配权，虽可具体分解为占有权、使用权、收益权、处分权等权能，但所有权并非是这四项权能的简单相加。判断有无所有权的唯一标准是，能否按自己的意愿全面支配财产。某人即使获得一个财产的四项权能，如果法律没有赋予他按照自己的意愿全面支配财产的权利，也不能说具有所有权。

财产的使用、收益、处置虽然由家长统筹，但他只是作为同居团体的代表来行使权利，目的在于防止财产的流失和确保共财团体

---

① 瞿同祖：《中国法律与中国社会》，中华书局1981年版，第16页。

② ［日］滋贺秀三：《中国家族法原理》，张建国、李力译，法律出版社2003年版，第64页。

的稳定。当然，家长对同居共有财产的控制，若不加以限制，的确容易演化为个人所有。

为保障共财团体中其他人的利益，法律规定，共财团体存续期间，财产由家长统筹，其他同居成员不得私擅使用及分异财产。但同居共财团体在解散时，成员拥有平均分析家产的权利，家长无权把财产转移给外人，必须把财产分配给诸子，而且是平均分配，家长甚至无权在几个儿子中作财产上的不等额分配，否则要受法律处罚。《唐律疏议》曰：

> 即同居应分，不均平者，计所侵，坐赃论减三等。疏议曰："即同居应分"，谓准令分别。而财物"不均平者"，准户令："应分田宅、财物，兄弟均分。妻家所得之财，不在分限。兄弟亡者，子承父分。"违此令文，是为"不均平"。谓兄弟二人，均分百疋之绢，一取六十疋，计所侵十疋，合杖八十之类，是名"坐赃论减三等"。①

此条虽然以兄弟之间侵占为例来解读坐赃，但可以想见，如果家长在主持分家时，厚此薄彼，也属于分产不均，按此条文，也是要受处罚的。明清律则明确规定，分财不均的家长是要承担刑事责任的：

> 同居卑幼不由尊长，私擅用本家财物者，十贯笞二十，每二十贯加一等，罪至杖一百。若同居尊长应分家财不均者，罪

---

① 《唐律疏议》卷12《户婚》"同居卑幼私辄用财"条，中华书局1983年版，第241—242页。

亦如之。①

法律将家长分财不均和卑幼私擅用财等同并列，把它们都看作对共有财产的侵犯，又如何能说家长具有所有权呢？

《大明律集解附例·卑幼私擅用财》纂注云："盖同居则共财也。财虽为公共之物，但卑幼得用之，不得而自擅也；尊长得掌之，不得而自私也。"这一段话较为准确地说明了共财团体内部，尊长与卑幼之间的财产方面的权利、义务关系以及家产的共有性质，家长持有的是控制权而非所有权。

我们注意到，按古代法律制度，同居亲属之间是不能成立侵犯财产罪的。《唐律疏议》规定：

　　诸盗缌麻、小功亲属财物者，减凡人一等；大功，减二等；期亲，减三等。疏议曰："缌麻以上相盗，皆据别居。"②

以后各朝的规定略同。如《大明律》规定："凡各居亲属，相盗财物者，期亲减凡人五等，大功减四等，小功减三等，缌麻减二等，无服之亲减一等。"③ 按此，"别居"或"各居"是亲属相盗罪名成立的前提条件，同居亲属之间不能成立盗窃的罪名，同居成员之间只成

———————

① 《大明律》卷5《户律·户役》"卑幼私擅用财"条，法律出版社1999年版，第51页。清律略同，参见《大清律例》卷8《户律·户役》"卑幼私擅用财"条，法律出版社1999年版，第187页。

② 《唐律疏议》卷20《贼盗》"盗缌麻小功亲财物"条，中华书局1983年版，第365页。

③ 《大明律》卷18《刑律·贼盗》"亲属相盗"条，法律出版社1999年版，第143页。清律略同，参见《大清律例》卷25《刑律·贼盗》"亲属相盗"条，法律出版社1999年版，第400页。

立卑幼私擅用财罪。这充分表明了同居团体内部财产共同所有的状态。就是同居卑幼引外人盗己家财产，也不以盗窃论。《唐律疏议》中说：

> 诸同居卑幼，将人盗己家财物者，以私擅用财物论加二等；他人，减常盗罪一等。若有杀伤，各依本法。①

后世法律略同。如《大清律例》规定："若同居卑幼，将引他人盗己家财物者，卑幼依私擅用财物论加二等，罪止杖一百；他人，减凡罪一等，免刺。"② 同居卑幼引外人盗己家财产，只依私擅用财来处罚、盗窃者也减罪一等，这无疑是对同居卑幼财产所有权的肯定。可见，所谓同居团体内财产属于家长个人所有的观点，在法理上是缺乏依据的。

其次，从生活实践来看，同居团体内的财产也非家人个人所有。在古代遗留的争产诉讼案卷中，有很多案例都反映出家产共有的事实状态。如反映宋代的《名公书判清明集》中，有养子（嗣子）诉父遗嘱处分财产不合法，③ 有不养父母而在父母死后向抚养父母的姐姐、姐夫索父母之财的案件④等。这都证明财产不属于家长个人所有，子辈享有必然的析产权。

---

① 《唐律疏议》卷20《贼盗》"卑幼将人盗己家财"条，中华书局1983年版，第366页。

② 《大清律例》卷25《刑律·贼盗》"亲属相盗"条，法律出版社1999年版，第400页；明代法令略同，参见《大明律》卷18《刑律·贼盗》"亲属相盗"条，法律出版社1999年版，第143页。

③ 参见《名公书判清明集》卷8《户婚门·遗嘱》"女合承分"条，中华书局1987年版，第290—291页。

④ 《名公书判清明集》卷4《户婚门·争业上》"子不能孝养父母而依栖壻家则财产当归之壻"条，中华书局1987年版，第126—127页。

在古代社会，买卖土地、房屋的契约中，往往是亲属共同署名，很多契约写有"某某氏同子某某情愿典卖"的字样。以下以清代为例，略举几例：康熙二十八年（1689年）休宁县程圣期卖山红契中，父子共同签押契约："立卖契人程圣期（押）同男嘉顺（押）"；① 咸丰七年（1857年）浙江山阴县的一份"高可德绝卖屋官契"文契开头写道："立绝卖屋契人高可德全（同）男启华、启祥，自己户内使字号屋三间、地基壹亩，浼（浼）中情愿出卖于本县族处名下为业。"② 是父子共为出卖人；同治八年（1869年）新都县赖庆佑兄弟伙卖水田契："立写伙卖水田契人赖庆佑、庆祥、庆亿，同侄永铃、永鈥、永锟、永恒，侄孙贞烈等"，③ 是兄弟子侄共为出卖人。又如明成化十三年（1477年）徽州休宁县"李彦清卖房屋地基契"：

> 趋化里九保住人李彦清同弟彦威、侄文广、文灿……自情愿将前项捌至内空闲基地田骨并果树木，尽行立契出卖于同保人李希泰、希暹、希圣、系升名下。④

上份契约中，买卖双方都是亲属共同署名，说明交易是在家庭或同居共有团体之间而非个人之间进行的。这是同居共有的绝好例证。

在少数民族地区的契约文书中，财产共有的特征也非常明显。如位于贵州省黔东南苗族侗族自治州锦屏县西南部清水江畔的一个

---

① 张传玺主编：《中国历代契约萃编》中册，北京大学出版社2014年版，第1031页。
② 张传玺主编：《中国历代契约萃编》下册，北京大学出版社2014年版，第1428—1429页。
③ 张传玺主编：《中国历代契约萃编》下册，北京大学出版社2014年版，第1423页。
④ 张传玺主编：《中国历代契约萃编》中册，北京大学出版社2014年版，第696—697页。

文斗苗族村寨，遗存至今的契约文书数量仍逾万件，时间跨度从清代至民国。文斗寨契约中的林木、土地、房屋交易，买卖双方多为家庭成员联合署名。如以下二例：

> 立卖杉木栽手字人黄养杨昌甲、昌子兄弟……今将栽手贰股出卖与文斗下寨姜钟齐弟兄、世模弟兄二老家。（同治三年五月二十六日）①

> 立断卖菜园字人台言发弟兄……自愿将到先年得买姜士发之菜园……出断卖与姜世官、世凤弟兄名下承买为业。（光绪二十三年六月二十一日）②

在文斗寨契约中，交易出家庭成员联合署名的情形极为常见，或为父子，或为母子，或为兄弟，或为叔侄。③ 联合署名，说明交易

---

① 陈金全、杜万华主编：《贵州文斗寨苗族契约法律文书汇编——姜元泽家藏契约文书》，人民出版社 2006 年版，第 452 页。

② 陈金全、杜万华主编：《贵州文斗寨苗族契约法律文书汇编——姜元泽家藏契约文书》，人民出版社 2006 年版，第 487 页。

③ 如在陈金全、杜万华主编《贵州文斗寨苗族契约法律文书汇编——姜元泽家藏契约文书》（人民出版社 2006 年版）一书所收买卖契约中，绝大多数契约都是家庭成员联合署名。其中，买方父子联合署名的参见第 5、11、13、65、78、135、160、180、186、352、363、367、376、377、382、383、391、392、397、398、399、402、403、406、407、422 页；买方兄弟联合署名的参见第 41、42、76、83、91、95、121、159、164、165、176、178、187、218、219、320、329、350、371、372、441、451、452、455 页。卖方父子联合署名的参见第 22、29、51、75、76、84、117、118、135、150、154、155、159、160、186、197、198、202、204、206、207、222、249、254、260、271、314、329、332、333、343、348、349、352、354、361、362、394、395、442、455、456 页；卖方兄弟联合署名的参见第 31、38、44、46、52、55、60、76、77、82、91、97、106、107、128、129、143、144、151、164、165、166、169、174、185、191、192、193、195、205、210、229、239、248、259、272、273、278、284、285、286、287、288、294、296、315、319、330、336、350、353、364、372、374、402、403、406、414、452、467、487、490、527、531 页。此外，还有一些为叔侄、母子联合署名，不再赘列。参见孔卓《清代文斗寨契约所见苗族家庭财产共有制度》，《青海民族研究》2015 年第 3 期。

的主体不是个人而是家庭，交易的财产自然也不是个人私产而是家庭共有财产。作为卖方来说，联合署名，意味着出卖的是家庭共有财产，故有些契约专门注明"今凭房族弟兄出断卖与（某人）"①或"今凭房族弟兄出断与（某人）"，②强调出卖家产是家庭而非个人行为。作为买方而言，买来的财产也由家庭成员共同共有，故有些契约还特地注明"任凭买主子孙永远管业（为据）"。③这充分证明苗族民众的观念中，家庭财产的所有权不属于个人，而是家庭成员共同拥有。

有学者认为，同居共有就是血缘团体共财制。日本学者中田薰认为同居共财即家族共产，即同居成员对家产共同享有所有权，家长对家产无绝对的处置权。④仁井田陞先生基本上继承和发展了中田博士的观点，强调家庭财产的共有性质，认为全体成员对家庭财产共同享有所有权，只是在程度上有所区别而已。⑤笔者也趋同于此种看法，认为这是符合中国古代社会实际情况的认识与看法。

当然，共有形态不一，按当今的法律，有按份共有和共同共有。按份共有是指两个或两个以上的共有人，按预先确定的财产份额，对其共有财产分享权利，承担义务的共有关系，如二人出资购买一辆汽车，再如三人出资组成一个合伙企业。按份共有下，共有财产

---

① 陈金全、杜万华主编：《贵州文斗寨苗族契约法律文书汇编——姜元泽家藏契约文书》，人民出版社 2006 年版，第 131 页。

② 陈金全、杜万华主编：《贵州文斗寨苗族契约法律文书汇编——姜元泽家藏契约文书》，人民出版社 2006 年版，第 203 页。

③ 陈金全、杜万华主编：《贵州文斗寨苗族契约法律文书汇编——姜元泽家藏契约文书》，人民出版社 2006 年版，第 5、235 页。

④ ［日］中田薰：《唐宋时代的家族共产制》，载《法制史论集》第 3 卷，东京岩波书店 1943 年版。

⑤ ［日］仁井田陞：《中国法制史》，牟发松译，上海古籍出版社 2011 年版，第 169—175 页。

虽属于出资人共同所有，但每个人对于共有财产的份额、比例是明确的，所享受的权利，承担的义务都以份额的多少来确定。

共同共有是指两个或两个以上的共有人对共有财产不分份额地享有权利、承担义务的法律关系。典型者如家庭共有。共同共有下，财产是不分份额的，除非共有关系结束，共有人是不能明确自己的财产份额的。

同居共有大略相同于共同共有。但严格来说，同居共有还不能等同于现代法律上的共同共有。

首先，现代共同共有制下，共有人对财产的权利是平等的，而同居共有制下，共有人的权利义务是不平等的，是按伦常等级来界定财产权利的，已见上述。其次，现代共有制下，如果是夫妻共有，那么夫妻都是共有人，如果是家庭共有，那么家庭成员都是共有主体。而古代的同居共有，并非所有的同居成员都是共有主体，女性被排除在共有主体之外，只有男性才可充当共有主体。虽称同居共有，实际上是父宗血缘团体共有制，或者说是同居男性成员共有制。

在这种共有制下，同姓共有，禁止财产外流是其主要特征。妻来自外姓，女儿虽属同姓，但终究是要嫁于外姓为妇的。若承认她们为共有主体，夫妻离婚，女儿外嫁，都会产生财产分割问题，财产的外流便无法制止。所以，古代的同居共有，与婚姻没有直接的关系，既不由结婚产生，也不由离婚而终止。

但是所谓同居男性成员共有的说法，在一个父子两代人的同居团体中，是能够成立的，但若是一个三代人同居的团体，这一说法似乎就有问题了。

日本学者滋贺秀三在《中国家族法原理》一书中为我们举了这样的例子：如有一个由 A、M 兄弟和 A 的儿子 b、c、d 以及 M 的儿子 n 组成的家，他们六个组成同居共财关系，各自把收入全部归入家产而全部消费也依赖家产。大家一人一份在家的饭桌上进餐，也都按一人一份接受衣服的分配。在作为同居共财这一点上，六个人是没有区别的。然而，当这个家进行财产分割时，家产不是被六个人等分，A、M 兄弟将家产分为二等份，各带着自己的儿子分为二家，并不管 A 家包含 b、c、d 共四个人，M 家包括 n 共两个人。这是中国传统的析产方式。如果说是男性成员共有，但作为男性成员的 b、c、d、n 并没有得分。所以滋贺认为共财和共有是不同的概念。孙辈不分析家产，很难说是同居成员共有。滋贺秀三也据此例否定了共财即是共有的说法。[①]

滋贺秀三先生的说法不无道理，即便是同样的家庭，若父母存世时就分家，家产也是父、子间分作三份，孙子辈是不考虑的，财产是按"房"来分配的。但同样结构的家庭，我们还可以假设另外两种情况：

一是若 A、M 皆亡，男性成员只有 A 的儿子 b、c、d，M 的儿子 n，若进行家产分割，又该如何划分呢？唐宋律规定：

> 应分田宅及财物者，兄弟均分……兄弟亡者，子承父分（继绝亦同）。兄弟俱亡，则诸子均分。[②]

按此，兄弟俱亡，孙辈平均分配，财产是在 b、c、d、n 之间平

---

① ［日］滋贺秀三：《中国家族法原理》，张建国、李力译，法律出版社 2003 年版，第 64 页。
② 《宋刑统》卷 12《户婚》"卑幼私用财"门引唐代《户令》，法律出版社 1999 年版，第 221 页。

均分配的，而不是按"房"分配的。

二是 A、M 皆亡，但 A、M 的父亲 E 存世，也就是说，这个同居团体内的男性成员有 A、M 的父亲 E 和 A 的儿子 b、c、d，M 的儿子 n，此时若进行家产分割，怎么分配呢？唐宋律中举有此类分配的例证：

> "假有一人年八十，有三男十孙……或一男见在，或三男俱死，唯有十孙，老者若为留分？"答曰："男但一人见在，依令作三男分法，添老者一人，即为四分。若三男死尽，依令诸子均分，老人共十孙为十一分，留一分与老者。"①

按此，财产应该是在 E、b、c、d、n 之间平均划分。这种划分方法，又说明同居共财的确是男性成员共同共有。总之，将同居共财定性为共有，大致是没错的，所应考虑的是：到底是同居男性成员共有还是父子共有？

---

① 《唐律疏议》卷 17《贼盗》"缘坐非同居"条疏议，中华书局 1983 年版，第 323—324 页；《宋刑统》卷 17《贼盗》"谋反逆叛"门，法律出版社 1999 年版，第 307 页。

第二章　析产与继承

第一节　中国古代析产制度概略

一　析产概说

析产是指家庭共有关系终止时其共有人对家庭共有财产的分割。众所周知，古代社会倡行"敬宗收族"，主张同宗血缘内的"同籍共财""共聚同炊"，即同一户籍的同居家庭，无论规模大小，亦无论其个人收入多寡，内部均不再细分个人私产，而实行财产共有制度。一旦共有人决定结束"同籍共财"关系、改行"同籍异财"或"别籍异财"时，便会出现分割家庭共同财产的行为，这就是所谓的析产，也即民间所谓的分家。

析产是中国古代常见的社会现象，几乎所有家庭在发展到一定的规模后都会出现分家析产的现象，析产可以说是古代社会家庭生命周期中的一个正常现象，也是家庭财产代际传递的一种重要方式。

现今所留存下来的古代契约文本中，析产契约占有相当的比例。如敦煌文书中，不仅有具体的分家析产契约，还有所谓的析产"样式"或"样文"，也就是"范本"或"范文"。这些"样式"或

"样文",为数不少,不同情况下的析产,有不同的"范本"。如编号为 S6537(3V)的《分书样式》:

(01)夫以同胎共气,昆季情深,玉叶金枝,相美兄

(02)弟。将为同居一世,情有不知,鸟将两成,分飞四

(03)海,堂烟(燕)习习,冬夏推移。庭前荆树,犹自枯

(04)悴。分离四海,中归一别。今则兄厶乙、弟厶甲,今对

(05)枝亲村邻,针量分割。城外庄田,城内屋舍,家

(06)资、什物及羊牛、畜牧等,分为厶分为凭。右

(07)件分割已后,一一各自支配,更不许道东说西,逆

(08)说剩仗。后有不于此契论争者,罚绫壹疋,用(入)

(09)官中。仍麦拾伍硕,用充军粮。故勒斯契,用

(10)为后凭。自今已后,别开门户,树大枝散,叶落

(11)情踈(疏)。恒山四鸟,亦有分飞。今对枝亲,分剖为

(12)定。①

这个分书样式主要适合父母亡后,兄弟服丧期满立即分家的情况。如果是父母亡后兄弟不分家,继续保持同居同财,但以后又要订立契约分家的,可以适用以下编号为 S4374 的《分书样式》:

---

① 唐耕耦、陆宏基:《敦煌社会经济文献真迹释录》第 2 辑,全国图书馆文献微缩复制中心 1990 年版,第 181 页;张传玺主编:《中国历代契约萃编》上册,北京大学出版社 2014 年版,第 400 页。上引释文系结合两书释文而成,特此说明。

（01） 分书

（02） 兄某告弟某甲，（累业）忠孝，千代同居。

（03） 今时浅狭，难立始终。（恐后）子孙乖角，不守

（04） 父条，或有兄弟参商，不识大体。既欲分荆

（05） 截树，难制颓波，□领分原，任从来意。家

（06） 资产业，对面分张；地舍园林，人收半分。

（07） 分枝各别，具执文凭，不许他年更相斗

（08） 讼。乡原体例，今亦同尘，反目憎嫌，仍须禁

（09） 制。骨肉情分，汝勿违之。兄友弟恭，尤须

（10） 转厚。今对六亲商量底定，始立分书，

（11） 既无偏坡（颇），将为后验。人各一本，不许重

（12） 论。

（13） 某物　某物　某物　某物　某物

（14） 车　牛羊　驼马　驼蓄　奴婢

（15） 庄园　舍宅　田地乡□　渠道四至

（16） 右件家产并以平量，更无偏党丝发

（17） 差殊。如立分书之后，更有宣（喧）悖，请科重罪，

（18） 名目入官，虚者伏法。年　月　日

（19） 亲见

（20） 亲见

（21） 亲见

（22） 兄

（23） □（弟？）

（24） 姊

（25）妹①

当然，分家析产也可能发生于叔侄之间。比如同居兄弟，一人去世，子女由伯父或叔父抚养，及至子侄辈长大成人，发生分家析产。叔侄分家也有样文（式），如编号为 S5647 的《分书样式》：

（01）盖闻人之情义，山岳

（02）为期。兄弟之恩，劫

（03）石不替。况二人等，忝

（04）为叔侄，智意一般；

（05）箱柜无私，蓄积

（06）不异。结义之有，尚好

（07）让金之心。骨肉之厚，

（08）不可有分飞之愿。

（09）叔唱侄和，万事周

（10）圆。妯娌谦恭，长

（11）守尊卑之礼。城

（12）隍叹念，每传孔怀

（13）之能；怜（邻）里每嗟，庭

（14）荆有重滋之重瑞。

（15）已经三代，不乏儒风。

（16）盖为代薄时浇，人

---

① 唐耕耦、陆宏基：《敦煌社会经济文献真迹释录》第 2 辑，全国图书馆文献微缩复制中心 1990 年版，第 185—186 页；张传玺主编：《中国历代契约萃编》上册，北京大学出版社 2014 年版，第 395—396 页。上引释文系结合两书释文而成，特此说明。

（17）心浅促。佛教有氛

（18）氲之部，儒宗有异

（19）见之衍。兄弟之流，

（20）犹从一智。今则更过

（21）一代，情义同前。恐怕

（22）后代子孙，改心易意，

（23）谤说是非。今闻家

（24）中殷实，孝行七

（25）传，分为部分根原，

（26）免后子侄疑悮（误）。盖

（27）为侄某乙等三人，少失

（28）父母，叔便为亲尊。

（29）训诲成人，未申乳

（30）哺之恩。今生房分，

（31）先报其恩，别无所

（32）堪，不忏分数，与叔

（33）某物色目。前以（已）结

（34）义，如同往日一般。已

（35）上物色，献上阿叔。更

（36）为阿叔殷勤成立

（37）活计，兼与城外庄

（38）田、车牛、驮马、家资、

（39）什物等，一物已上，分为

（40）两分，各注脚下，其名

（41）如后：

（42）右件分割家沿活具

（43）十（什）物，叔侄对坐，以诸

（44）亲近，一一对直，再三准

（45）折均亭，抛钩为定。

（46）更无曲受人情，偏藏

（47）活叶（业）。世代两房断

（48）疑，莫生怨渥。然则

（49）异门前以结义，如

（50）同往日一般，上者更须

（51）临恩，陪（倍）加优恤，小者

（52）更须去义，转义躬

（53）勤。不令有唱荡忤

（54）逆之子，一则令人尽

（55）笑，二为污没门风。

（56）一依分书为凭，各

（57）为居产。更若后生

（58）加谤，更说偏波（颇），便

（59）受五逆之罪，世代

（60）莫逢善事。兼有不

（61）存礼计，去就乖违，

（62）大者罚绫锦，少（小）者决

（63）肉至骨。分折（析）为定，

（64）更无休悔。如若更

（65）生毁低（诋），说少道多，

（66）罚锦壹匹，充助官

（67）门。恐后子孙不省，

（68）故勒分书，用为后凭（押）。①

敦煌文书中的析产"样式"或"样文"，大同小异，一般可分为五个部分：一是分家的缘由，一般要着重强调本来和睦相处，同居共财，但或因家口过多或因人心不古，为了防止日后子孙纷争，不得已而分家；二是强调分家析产的原则，要均平、要和气；三是关于家庭财产的具体分割清单；四是关于违反分家契约的处罚措施；五是析产契约的见证人和当事人签名、画押。

为数不少的"样式"或"样文"，说明析产是较为常见的社会行为，也是值得我们进行认真考察、探索的研究课题。学界对古代析产问题，进行了许多有益的探讨，取得了丰硕的研究成果。但很多著述都将析产与继承混同起来，将析产制度曲解为继承制度，为廓清迷误，故以下先谈析产的概念以及与继承的区别。

二　析产的概念及与继承的区别

概言之，析产就是家庭共有关系终止时共有人分割共同财产的行为。具体地说，析产的概念应包含以下三个要素。

第一，析产所分割的对象是家庭共有财产。古代社会中，尽管家庭的构成规模远较现代为大，但只要是同居家庭，其财产一般表现为共有关系，古人称之为"同（居）共财"。此类家庭中，家产的所有权不属于任何一个个体，而属于全体家庭成员，家长握有的

---

① 唐耕耦、陆宏基：《敦煌社会经济文献真迹释录》第 2 辑，全国图书馆文献微缩复制中心 1990 年版，第 164—171 页；张传玺主编：《中国历代契约萃编》上册，北京大学出版社 2014 年版，第 396—399 页。上引释文系结合两书释文而成，特此说明。

也只是家产的管理权和调度权，并不是所有权。《大明律集解附例》中对此有明确的解释："盖同居则共财矣。财虽为公共之物，但卑幼得用之，不得而自擅也；尊长得掌之，不得而自私也。"当然这种情况之外，社会中还有某些家庭实行财产分立的"同籍（居）异财"制度。

然而无论同居家庭中共财还是异财的决定权皆握在家长手中。按古代各朝律典的规定，凡直系尊长（包括曾祖父母、高祖父母、祖父母及父母）在世时，子孙即使是成年娶妻，已拥有自己的职业与收入，亦不能与尊长分异财产、拥有私产，而必须与尊长保持共财关系，否则以不孝罪论处。[①] 把财产分立与伦理联系在一起，这就较大限制了"同籍异财"现象的发生。因此，古代家庭财产所有关系中的主要模式为"同籍共财"。析产所分割的就是建立在这种共财关系基础上的共同财产。

第二，析产的参与者必须是共同财产的共有主体。所谓共有主体是指对家庭共同财产具备所有权的成员。必须注意的是，古代家庭的共有关系不同于现代意义上的家庭共有关系。现代意义上的家庭共有主体包括家庭的每一个成员，而古代社会家庭共有的主体仅指家庭的男性成员。传统伦理将财产视为维系宗法团体存在的经济基础，只有属于宗法血亲关系范围的成员才有资格成为共有主体。而家族是以父亲来划分的，女儿终究要嫁人为妇；妻妾虽属家族内成员，但她从来都不具有独立人格，夫在从夫，夫死从子，因此都被排除在共有主体之外。

第三，析产是家庭共有关系终止的结果。在共有关系未结束之

---

① 参见《唐律疏议》卷12《户婚》"子孙别籍异财"条，中华书局1983年版，第236页。后世法律略同。

时，共有人对全部共有财产不分份额地享有所有权，只有共有关系终止之际才能进行析产，将共有财产划分为一定份额的个人私产。导致家庭共有关系终止的因素是多方面的，诸如尊长死亡，兄弟、父子不睦等。这里需要特别强调的是，女性由于被排除在共有主体之外，仳离时无权分割夫家财产，所以离婚并不能导致共有关系的终止。这是古代家庭财产关系与当今家庭财产关系的一大区别。

按照古代社会的一般情形，家庭共有关系终止的起因往往是家长的死亡，所以分家析产多发生于尊长死亡后。此时的析产由于出现了财产权利人死亡的事实，无疑带有财产继承的内容，这或许是人们将析产与继承混为一谈的主要原因。其实，析产与继承是两种截然不同的行为，是有严格区别的。

首先，继承是所有权的转移过程，而析产只是所有权权能的转移过程。继承是承袭他人具有所有权的财产，实现的是所有权主体的变换。继承人本无受继财产的所有权，通过继承才获得，而析产所分割的是自己已经具有所有权的共有财产，所以只有共有主体才具备析产的资格。

由于古代家庭的共有体制是一种家长支配下的共有体制，共有财产的占有、使用、收益、处分等权能统一由家长行使；而其他的共有人平日并不行使所有权权能，对他们来说所有权与所有权权能是相互脱节的，[①] 析产时共有人等份划分共有财产、自己行使所有权权能，等于将以前寄存在家长手里的所有权权能收回并由自己来行使。所以从性质上看，析产绝不像继承那样是所有权的转移，而只

---

① 魏道明：《古代社会家庭财产关系略论》，《青海师范大学学报》（哲学社会科学版）1997 年第 1 期。

是所有权权能的转移过程，所有权的主体并没有变更。

其次，析产与继承得以发生的前提条件也不相同，前者以共有关系终止、后者以权利人死亡为前提条件。导致共有关系终止的因素是多种多样的，在未出现权利人死亡的条件下，仍可发生析产行为。如家长在世时，虽不能令子孙别立户籍、组成新家，但可以令子孙分异财产、结束家庭共有关系，在不另立户籍的前提下父子、兄弟财产分立，实行所谓的"同籍异财"。此类析产行为中并没有发生财产权利人死亡的事实，显然与继承无涉。

当然某些时候，权利人的死亡与共有关系的终止是同步发生的，换言之，共有关系终止的起因是权利人的死亡。这时待分割的家庭财产，其性质较为复杂，可分为两种不同类型：一部分是基于共财事实上的共有财产，另一部分是基于财产权利人死亡事实上的遗产。此时分割财产的行为既不是单纯的析产，也不是单纯的继承，而是两者的混合。

如一个四子的家庭中，父亡，诸子欲结束共财关系，核算家产共值 100 两银子。由于诸子和已故的父亲都是共有主体，按等份拥有的原则，每人平均 20 两。这每人一份的财产不管父亲是否亡故，其所有权都是属于自己的，是共财关系下已经拥有的财产，不属于遗产的范围；只有属于已故父亲的 20 两才能看作遗产。如果四子分割这 100 两银子，每人合得 25 两，那么其中 20 两应是析产所得，5 两则是继承所得。

由此我们认为，发生于权利人死亡和共有关系终止双重条件下的分割家产的行为，是析产与继承兼有的混同行为，只是它们相互交织在一起而不易区别而已。

析产与继承虽有如上的基本区别，但古代民法尚欠周密，法典中往往将继承制度与析产制度混编在一起，这亦是导致人们把析产和继承混同的另一个重要原因。如《唐律疏议·户婚·同居卑幼私辄用财》条载：

> 　　即同居应分，不均平者，计所侵，坐赃论减三等。疏议曰：即"同居应分"，谓准令分别。而财物不均平者，准《户令》："应分田宅及财物者，兄弟均分。妻家所得之财，不在分限。兄弟亡者，子承父分。"违此条文者，是为"不均平"。①

此条律文一直被当作单纯的继承法来看待，其实这是一则关于"同居应分"的法律原则。而所谓的"同居应分"，含义甚广，至少包含以下几种情况。

第一，家长生前决定结束"同籍共财"关系，责令子辈分析家产，组成"同籍异财"的特殊家庭。

第二，父子两代业已形成"同居异财"关系，父母亡后，诸子欲分割其财产者。

第三，"同籍共财"制的家庭中，父母俱亡，又满丧期，兄弟欲分家析产，自立门户者。

第四，家中主要成员犯重罪而被判重刑或被处死，不属缘坐或免于缘坐的家庭成员，按法律规定结束共财关系而分割资产者。

第五，尊长逃亡、失踪六年以上（等同于当今之法定死亡），后辈依律分析家产或自立门户者。

上列第一种情形下的"同居应分"，所分割的财产并非个人私

---

① 《唐律疏议》卷12《户婚》"同居卑幼私辄用财"条，中华书局1983年版，第241—242页。后世法律略同。

产，而是同居家庭的共有财产；分割家产的起因是共有关系的终止而非财产权利人的死亡，所以是单纯的析产行为，与继承并无牵涉。第二种情形下的"同居应分"，互相之间已经结束了共财关系，分割的是他人财产，又涉及财产权利人死亡的事实，应该是单纯的继承行为，与析产无关。

而第三、第四、第五种情形下的分割行为，就较为复杂，既有财产权利人死亡的事实，又有共财关系终止的发生；所分割的财产中，既有已死亡权利人的遗产，又有共财基础上的同产；分割者所获得的财产中，既包括遗产，又包括原本属于自己的共有份额。所以这是析产与继承相混杂的行为。

由此可见，此条律令既适用于单纯的析产行为，也适用于纯粹的继承行为，还适用于析产与继承相混杂的行为，是一则适用范围较广、糅合了继承和析产制度的法律条文。我们从中亦可看出析产与继承是两种完全不同但又时常混杂在一起的行为。

三 析产的原则与方法

析产行为的发生始于家庭共有关系的终止。一般而言，导致家庭共有关系结束的因素有尊长犯重罪被处死或被判重刑、家长逃亡六年以上、家长生前责令子孙异财、家长死亡四种情况。前两种情况，在实际生活中较少发生，由此而引发的析产行为自然也较为罕见；家长生前决定结束同居共财关系、命令子孙析产者，也因为有悖孝悌伦理而比较少见。所以，尊长死亡才是导致家庭共有关系终止的最常见的因素。

当然，尊长过世后其子辈也可保持原有的共财关系而不进行析产，然而正如瞿同祖先生所言，这需要高度的道德教化和殷实的经济实力，二者缺一不可。① 普通人家很难同时做到，所以尊长过世后，一般都会发生分家析产的行为。

析产所分割的财产，是建立在家庭"同居共财"关系基础上的共有财产。大致而言，共有财产与家庭财产应该是意义相似，属近似概念。共有关系下，家庭的动产与不动产都属共有范围；共有关系终止时，家庭中所有的财产，从土地到钱帛、谷物，从房舍到家畜家禽，都是析产的对象。

除了家庭中的共有财产外，家庭债务也是析分的对象，因为这些债务本质上是因家庭所欠下的债务。分家析产时，由共有人连同家产一并分割承受。②

然而，在拥有已婚成年子孙的同居共财家庭中，已婚子孙从妻家所得之财，也即妻子从娘家带来的嫁奁或从娘家继承的户绝财产，是否也进行析分，确实有难为之处。从同居共财的原理上说，既然规定子孙不得蓄私财，妻家所得之财当然也是共有财产，属于析分对象。但从夫妻一体和既嫁从夫原则来讲，妻家所得之财理应归夫所有。而且，将妻家所得之财作为析分对象，操作起来也有相当的难度。尤其是兄弟成婚、未成婚并在情形下的析产行为中，将已婚兄弟的妻家所得之财拿出来分配，自然不合理。为公平起见，分家时未婚兄弟以后所得妻家之财还得重新拿出来再分配。为避免麻烦，《唐律疏议》及《宋刑统》中都明文规定："妻家所得之财，不在分限。"③ 妻家所得之财，归夫所有，等到分家析产后作为新家庭的共

---

① 瞿同祖：《中国法律与中国社会》，中华书局 1981 年版，第 5 页。
② 瞿大静：《宋代析产制度研究》，硕士学位论文，青海师范大学，2017 年，第 13 页。
③ 《唐律疏议》卷 12《户婚》"同居卑幼私辄用财"条，中华书局 1983 年版，第 241 页；《宋刑统》卷 12《户婚》"卑幼私用财"门，法律出版社 1999 年版，第 221 页。

有财产。

当然，传统法律没有将妻家所得之财纳入共财范围，或许还有一个原因：这部分财产是因婚姻关系获得的，一旦离婚，妻在一定条件下是可以带走这部分财产的。这一规定看似在维护妻的权益，实则是对同居共财制的稳定性的维护，同居共财制下的家庭财产关系不受婚姻关系的影响。①

由于共有主体仅限于男性，所以只有男性才具备析产的权利。从唐至清，历朝的法律都规定：分析家财田产，诸子均分，② 女性是无权参与家产的分割的。她们虽然有承袭家产的机会，但由于她们并非是共有主体，所以他们承袭家产的行为是继承行为，而非析产行为。比如女儿在户绝（父母无子嗣）时有权承袭家业，夫亡守志且又无子的寡妻妾可以代夫承袭家产。这些都说明女性在家中拥有继承权，但不具有析产权。

男性成员虽是家庭共有关系的权利主体，具有析产的资格，然而析产的决定权是由家长来掌握的，其他成员不能擅自分析财产，不然就是不孝之罪。唐、宋两朝的法律规定：尊长在世，子孙若擅自与尊长"籍别财同，或户同财异者，各徒三年"。③ 明、清两代的律令对此处罚的力度虽有所下降，规定为杖一百，④ 但禁止家长以外

---

① 瞿大静：《宋代析产制度研究》，硕士学位论文，青海师范大学，2017年，第13页。
② 《唐律疏议》卷12《户婚》"同居卑幼私辄用财"条，中华书局1983年版，第241页；《宋刑统》卷12《户婚》"卑幼私用财"门，法律出版社1999年版，第221页；《大明律》卷4《户律·户役》"卑幼私擅用财"条，法律出版社1999年版，第51页；《大清律例》卷8《户律·户役》"卑幼私擅用财"条，法律出版社1999年版，第187页。
③ 《唐律疏议》卷12《户婚》"子孙别籍异财"条，中华书局1983年版，第236页；《宋刑统》卷12《户婚》"父母在及居丧别籍异财"门，法律出版社1999年版，第216—217页。
④ 《大明律》卷4《户律·户役》"别籍异财"条，法律出版社1999年版，第51页；《大清律例》卷8《户律·户役》"别籍异财"条，法律出版社1999年版，第186—187页。

的成员私自析产的精神并没有变化。

家长过世后，子辈虽有权决定结束共财关系而进行析产，但必须在服满三年丧期后进行，否则仍会受到法律的制裁。① 而家长却具有随时决定析产的权利，如果家长生前认为有必要结束共财关系。他即可命令子孙分割家产。如唐朝规定，尊长在世时令子孙"异财者，明其无罪"②。按照清朝法律的规定，若奉家长遗命，后辈在尊长死后就可立即进行析产，而不必等到三年丧期满后。③ 由此可见，家长以外的男性成员只有在家长死亡并满丧期的特定条件下，才具有析产的决定权，其他时候是否析产则完全取决于家长的意志。

有迹象表明，这一原则大概是魏晋以后确立的。《二年律令·户律》载：

> 民大父母、父母、子、孙，同产子，欲相分予奴婢，马牛羊，它财物者，皆许之，辄为定籍。④

律文中似乎没有强调分家是父祖的特权、子孙不得擅自分家。相反，简文中提及的亲属大父母（即祖父母）、父母、子、孙，同产子（侄子），似乎都有权利提出分家析产。甚至都没有子孙必须成年

---

① 《唐律疏议》卷 12《户婚》"子孙别籍异财"条，中华书局 1983 年版，第 236 页；《宋刑统》卷 12《户婚》"父母在及居丧别籍异财"门，法律出版社 1999 年版，第 216—217 页；《大明律》卷 4《户律·户役》"别籍异财"条，法律出版社 1999 年版，第 51 页；《大清律例》卷 8《户律·户役》"别籍异财"条，法律出版社 1999 年版，第 186—187 页。

② 《唐律疏议》卷 12《户婚》"子孙别籍异财"条，中华书局 1983 年版，第 236 页。

③ 《大清律例》卷 8《户律·户役》"别籍异财"条，法律出版社 1999 年版，第 186 页。

④ 张家山二四七号汉墓竹简整理小组：《张家山汉简竹简（二四七号墓）》，文物出版社 2001 年版，第 178 页。

一类的年龄限制，而且，只要提出分家析产，官府就会"皆许之，辄为定籍"。窃以为，这一规定过于宽松，或许是汉初特殊形势下的规定，不能代表先秦秦汉时期。故笔者认为，魏晋以前，虽然可能没有后世只有父祖才能分家析产的严格规定，但一般而言，分家也都是秉承父祖之命。

析产时一般采用诸子均分的原则。《二年律令·置后律》："□□□□长（？）次子，□之其财，为中分。"① 中分即均分或平分，可见秦汉时已确立了诸子均分的原则。唐、宋两朝的法律均规定："应分田宅及财物者，兄弟均分"；② 明清时期规定"不问妻、妾、婢生，只（止）依子数均分"。③ 按此，古代析产，一般采取的是不论嫡庶、诸子均分的办法。当然，也有例外。如元代规定："诸应争田产及财物者，妻之子各肆分，妾之子各叁分，奸良人及幸婢子各壹分。"④

从唐宋明清时期的民间分家实践来看，无论是父祖主持的析产，还是父祖亡后，兄弟自行进行的析产，基本上都遵循了兄弟均分的原则。如敦煌文书 P2685 号《沙州善护、遂恩兄弟分家契》：

（01）戊申年四月六日，兄善护、弟遂恩、诸亲□别，

（02）城外庄田及舍园林，城内舍宅家资什物

---

① 张家山二四七号汉墓竹简整理小组：《张家山汉墓竹简（二四七号墓）》，文物出版社 2001 年版，第 185 页。

② 《唐律疏议》卷 12《户婚》"同居卑幼私辄用财"条，中华书局 1983 年版，第 241 页；《宋刑统》卷 12《户婚》"卑幼私用财"门，法律出版社 1999 年版，第 221 页。

③ 《大清律例》卷 8《户律·户役》"卑幼私辄用财"条附例，法律出版社 1999 年版，第 187 页。

④ 《大元通制条格》卷 3《户令》"亲属分财"条，法律出版社 1999 年版，第 54—55 页。

（03）畜乘安（鞍）马等，两家停分，使无偏。取其铠

（04）壹领，壹拾叁增，兄弟义让，□上大郎，不入分

（05）数。其西家和同，对诸亲立此文书。从今已后，

（06）不许诤论。如有先是非者，决杖五拾，如有故

（07）违，山河违（为）誓。

（08）城外舍，兄西分叁口，弟东分叁口。院落西头小牛舞（庑）

（09）捨（舍），合。舍外空地各取壹分。南园，于李子树已西，大

（10）郎；已东，弟。北园，渠子以西，大郎；已东，弟。树各取半。

（11）地，水渠北地叁畦共壹拾壹亩半，大郎分。舍东叁畦，

（12）舍西壹畦，渠北壹畦，共拾壹亩，弟分。向西地肆畦共

（13）拾肆亩，大郎分。渠子西共叁畦拾陆亩，弟分。

（14）□农地，向南仰大地壹畦五亩，大郎；又地两畦共五亩，弟。

（15）又向南地壹畦六亩，大郎；又向北仰地六亩，弟。寻渠

（16）玖亩地，弟。西边捌亩地，舍坑子壹，大郎。长地五亩，弟。

（17）舍边地两畦共壹亩，渠北南头寻渠地壹畦肆亩，计五亩，

（18）大郎。北仰大地并畔地壹畦贰亩，寻渠南头长地

子壹亩，

（19）弟。北头长地子两畦各壹亩，西边地子，弟；东边，兄。

（20）大郎分：釜壹口受玖斗，壹斗五胜（升）锅壹，胜（升）半笼头

（21）铛子壹，铧壹孔，镰两具，镫壹具，被头子壹，

（22）剪刀壹，灯壹，锹壹张，马钩壹，碧绢壹丈柒尺，黑

（23）自（牸）牛壹半，对草马与大郎，镵壹具。

（24）遂恩：铛壹口，并主鏊子壹面，铜钵壹，龙头铛子壹，鏊

（25）金壹付，镰壹张，安（鞍）壹具，大钎壹，铜灌子壹，镬

（26）壹具，绢壹丈柒尺，黑自（牸）牛壹半。

（27）城内舍，大郎分堂壹口，内有库舍壹口，东边房壹口；

（28）遂恩分西房壹口，并小房子厨舍壹口，院落并硙

（29）舍子合。大门外舞（庑）舍地大小不等。后移墙停分，舞（庑）舍

（30）西分大郎，东分遂恩。大郎分故车，新车遂恩，贾

（31）数壹仰取新者出，车脚二，各取壹。大郎全毂，遂恩破

（32）毂。

（33）兄善护

（34）弟遂恩

（35）诸亲兄程进进

（36）兄张贤贤

（37）兄索神神（藏文署名）①

从这份文书内容来看，完全是均平分割的。土地的分配，大郎善护分得的有：渠北地叁畦拾壹亩半、向西地肆畦拾肆亩、□农地伍亩、又向南地陆亩、西边捌亩、舍坑子壹亩、舍边地及渠北南头寻渠地计伍亩、北仰大地并畦地贰亩、北头长地东边壹亩，共计五十二亩半。弟遂恩分得的土地是舍东、舍西及渠北共拾壹亩、渠子西拾陆亩、长子伍亩、寻渠南头长地子壹亩、北头长地西边壹亩，合计为五十三亩。兄弟两人的土地仅只差半亩，完全是平分。房屋的分配，"城内舍，兄西分叁口，（弟）东分叁口；院落西头小牛庑舍合，舍外空地，各取壹分；南园，于李子树已西大郎，已东弟；北园渠子已西大郎，已东弟，树各取半。"也是兄弟均分。

又如敦煌文书 S2174 号《天复九年董加盈兄弟三人分家契》：

（01）天复玖年己巳岁润（闰）八月十二日，神沙乡百姓

（02）董加盈、弟怀子、怀盈兄弟三人，伏缘小失

（03）父母，无主作活，家受贫寒，诸道客作，

（04）兄弟三人久□不谧。今对亲姻行巷，所有

（05）些些贫资，田水家业，各自别居，分割如后：

（06）兄加盈兼分进例，与堂壹口，椽梁具全，并门。

城外地，

（07）取索底渠地三畦，共陆亩半。园舍三人亭支。

---

① 唐耕耦、陆宏基：《敦煌社会经济文献真迹释录》第 2 辑，全国图书馆文献微缩复制中心 1990 年版，第 142—144 页；张传玺主编：《中国历代契约萃编》上册，北京大学出版社 2014 年版，第 389—390 页。上引释文系结合两书释文而成，特此说明。

（08）荵同渠地，取景家园边地壹畦，共肆亩。又

（09）玖岁牛嫛牸（牛）壹头，共弟怀子合。

（10）又荵同上口渠地贰亩半，加盈、加和出买与集，集断作直

（11）麦粟拾硕，布一疋，羊一口。领物人董加和、董加盈、白留子。

（12）弟怀子，取索底渠地大地一半，肆亩半。荵同

（13）渠地中心长地两畦，伍亩。城内舍：堂南边舍一口，

（14）并院落地一条，共弟怀盈二（人）亭分。除却兄

（15）加盈门道，园舍三人亭支。又玖岁牛嫛牸牛一头，

（16）共兄加盈合。白羊（杨）树一、季（李）子树一，怀子、怀盈

（17）二人为主，不关加盈、加和之助。

（18）弟怀盈取索底渠地大地一半，肆亩半。荵同渠

（19）地东头方地兼下头两畦伍亩。园舍三人亭

（20）支。城内舍：堂南边舍一口，并院落壹条，

（21）除却兄门道，共兄怀子二人亭分。又叁岁黄

（22）草（马？驴？骡？驼？）① 壹头。

（23）右件家业，苦无什物。今对诸亲一一

（24）具实分割，更不许争论。若无大没

---

① 分家契原件此字难以辨识，张传玺先生根据章炳麟《新方言·释动物》"今北方通谓牝马为草马，牝驴为草驴"之言，认为当是"马"字。理由是兄弟三人中的两位兄长加盈、怀子都各分了一头母牛，怀盈当然不会分得一头母驴，而应该是价值更高的母马（参见张传玺主编《中国历代契约萃编》上册，北京大学出版社2014年版，第395页）。这当然有一定道理。但仔细审读分家契，两位兄长加盈、怀子是合分了一头母牛，而非各分了一头母牛，怀盈所分得也很有可能是驴、骡一类的牲口。

（25）小，决杖十五下，罚黄金一两，充官入用。便

（26）要后验。

（27）润（闰）年八月十二日立

（28）兄：董加盈（押）见人：阿舅石神神（押）

（29）弟：董怀子（押）见人：耆寿康常清（押）

（30）弟：董怀盈（押）见人：兵马使石福顺①

　　不难看出，在分家契中，所有的财产，都是本着均分的原则，由兄弟三人平均分割。实在无法均分的，由兄弟共有。再如编号为P3744号的《僧张月光、张日兴兄弟分书》：

（前缺）

（01）在庶生观其族望，百从无革。是故在城舍

（02）宅，兄弟三人停分为定。余之赀产，前代分擘

（03）俱讫，更无再论。苟录家宅，取其东分。东西叁丈，

（04）南北，北至张老老门道，南师兄厨舍南墙□□□□

（05）定，东至叁家空地。其空地，约旧墙外叁□□

（06）内，取北分，缘东分舍见无居置，依旧堂□。

（07）见在掾木并□，中分一间，依数与替，如无替，一任

（08）和子拆其材梁，以充修本。分舍杮篱亦准上，其

（09）堂门替木壹合，于师兄日兴边领讫。步砲壹合了。

（10）右件。月光、日兴兄弟自恨薄福，不得百岁为

　　① 唐耕耦、陆宏基：《敦煌社会经济文献真迹释录》第2辑，全国图书馆文献微缩复制中心1990年版，第148—149页；张传玺主编：《中国历代契约萃编》上册，北京大学出版社2014年版，第393—394页。上引释文系结合两书释文而成，特此说明。

（11）期。日月屡移，不可一概即全（合），兄友弟恭，遵

（12）承家眷。只恨生居乱世，长值危时，亡父丧母，眷属

（13）分离。事既如此，亦合如斯。区分已定，世代依

（14）之。——分析，兄弟无违。文历已讫，如有违者，

一□

（15）犯其重罪，入狱无有出期，二乃于官受鞭一

（16）千，若是师兄违逆，世世堕于六趣，恐后无凭，

（17）故立斯验，仰兄弟姻亲邻人为作证明。

（18）各各以将项印押署为记。其和子准上。

（19）兄僧月光（朱印）弟日光（藏文印）侄沙弥道哲

（20）弟和子（朱印）姊什二娘妹师胜贤

（21）妹八戒胆娘表侄郭日荣（朱印）

（22）邻人索志温邻人解晟。

（23）见人索广子

（24）见人索将将

（25）见人张重重

（26）见人张老老

（27）见人僧神宝

（28）见人僧法惠

（29）见人氾拾德

（30）平都渠庄园田地称木等，其年七月四日就庄

（31）对邻人宋良升取平分割。故立斯文为记。

（32）兄僧月光，取舍西分壹半居住。又取舍西园，

（33）从门道直北至西园北墙，东至治谷场西墙，直

（34）北已西为定。其场西分壹半。口分地取牛家道

（35）西叁共贰拾亩，又取庙坑地壹畦拾亩，又取舍南

（36）地贰亩，又取东涧舍坑已东地叁畦共柒亩。屋授地

（37）陆畦共拾伍亩内各取壹半。又东涧头生荒地各

（38）壹半。大门道及空地车敕并井水，两家合。其树

（39）各依地界为主。又缘少多不等，更于日兴地上，取白杨

（40）树两根。塞庭地及员佛图地，两家亭分。园后日兴

（41）地贰亩或被论将，即于师兄园南地内取壹半。

（42）弟日兴取舍东分壹半居住，并前空地，各取壹半。

（43）又取舍后园，于场西北角直北已东，绕场东直南□□

（44）舍北墙，治谷场壹半。口分地取七女道东叁畦共贰拾

（45）亩。又取舍南两畦共柒亩，又取阴家门前地肆亩。又取

（46）园后地贰亩。又取东涧头舍方地柒亩。屋授地陆畦共

（47）壹拾伍亩内壹半，又东涧头生荒地，各取壹半。□□□

（48）车敕井水，合。塞庭地两家亭分。员佛图渠……

（后缺）①

《僧张月光、张日兴兄弟分书》，似乎可分成两个部分，前半部分，似乎也是分产，但由于文书残缺，其确切内容不易确定。后半部分，则是兄月光与弟日兴分割家产。房屋分割，"兄僧月光取舍西

---

① 唐耕耦、陆宏基：《敦煌社会经济文献真迹释录》第 2 辑，全国图书馆文献微缩复制中心 1990 年版，第 145—147 页；张传玺主编：《中国历代契约萃编》上册，北京大学出版社 2014 年版，第 391—393 页。上引释文系结合两书释文而成，特此说明。

壹半居住","弟日兴取舍东分一半居住"。屋前空地及治谷场亦各取一半，树木各依地界为主。至于土地的分割，孟授地陆畦共拾伍亩、东涧头生荒地，兄弟二人各取一半。其余，兄月光取牛家道西叁共贰拾亩、庙坑地壹畦拾亩、金南地贰亩、东涧舍坑已东地叁畦共柒亩，共得地三十九亩。弟日兴分得七女遒东叁畦共贰拾亩、金南两畦共柒亩、阴家门前地肆亩、园后地贰亩、东涧头舍方地柒亩，共计四十亩。兄弟二人的数额只差了一亩，应该算是平分。至于无法均分的大门道及空地、车敞并井水，二人共有。这充分说明兄弟二人的这次分家，完全是按均分原则来处理的，不仅是房屋、土地、空地，就是所分地内树木有多有少，也以平均原则加以补偿。

宋代的分家，当然也体现出均分原则。如南宋闽南的《苏氏长基分处遗书》：

今经乱岁沧桑，致慨谨将庐舍、田园、山场、坟冢、产业、屋基，族众旦平，区分天、地、人、和字号阄书收执，准照定基为书，据宗枝谱图永远披阅为用，后之子孙人文蕃衍，天运循环，旋回故里，显祖荣宗，创置门闾，诗书敦让，风俗淳厚，迄称忠孝矣。至坟冢并庙宇地基，贯石城坂中心，号曰山中寨。诸兄弟照房均分，道远、道助、道隆居天、地字号，应得左畔；道隐、道益居人、和字号，应得右畔。口无干碍，各阄谱执照炳据，向后并无反悔。如违，罚铜钱壹百贯文入官支用。①

文书中明确说到家产的分割是"诸兄弟照房均分"。明清时期也

---

① 杨国桢：《闽南契约文书综录》，《中国社会经济史研究》1990年增刊。

是同样。如清代徽州文书中的分家契约：

> 立阄单人韩赐仕生有三子，长曰元琦，次曰元琇，三曰元珍，三子俱已完娶，原积有承祖父并续置房屋、田坦、如地，恐日后倘有子孙争论，自接亲族邻友眼同品搭作天、地、人，三阄均分，日后毋许争论。如有执拗违墨者，亲众议罚银四两公用，恐有不孝罪论，仍依墨为准。恐口无凭，立此阄单一样三张，各执一张，永远存照。①

可见，均平是分家的基本原则，当然，田地有肥瘠、房屋有朝向、牲畜有老幼，分家时绝对均平，难以做到。为防止日后争执，故上列分家契约中先将房屋、田地等家产分为三等份，然后抓阄决定。

不仅汉族，少数民族家庭在分析家产时，也采用均分的原则。苗族家庭分家析产时，遵循的原则是平均分配。如姜绍略兄弟分关契：

> 立分关人姜绍略、绍雄、绍齐三人兄弟，为父亲分占祖遗之田并父亲所买之田，至今人口日增，田产益广欲合种以同收，恐彼早而此晏，幸承严父精公平均派，我等兄弟俱居心平意愿，自今以后各照分关殷勤耕种，世代管业。日后不得异言。其有山场杉木尚未分拨，俟后砍伐售卖，仍照三人均分。恐后无凭，立此田产分关，永远发达为据。（嘉庆廿四年正月朔日）②

---

① 刘伯山编：《徽州文书》卷9"清康熙三十三年四月韩赐仕立阄单"第2辑，广西师范大学出版社2006年版，第86页。

② 陈金全、杜万华主编：《贵州文斗寨苗族契约法律文书汇编——姜元泽家藏契约文书》，人民出版社2006年版，第171页。

又姜映祥兄弟分地基契：

> 且五伦之以天合者，君臣之外，厥惟父子。父子主恩者也。
> 以父子有亲亲之恩，决无相违之意，宜永以为好而无尤。然江流
> 曾有各派，树大岂无分枝。于是父子相议革故鼎新。而我子孙众
> 多，难于约束，今故将始祖富宇公所遗地基定为三鼎，各自修造，
> 映祥公占上一幅，映魁公占中一幅，映辉公占右边一幅。以后各
> 存一纸，永远发达存照。（光绪十五年十月三十日）①

各朝的法律还普遍规定了子代父析产的制度。如《宋刑统》引
《户令》载："兄弟亡者，子承父分；兄弟俱亡，则诸子均分。"② 其
他时期的规定与宋大体相同，不再赘引。这里需要提醒的是，子承
父分不同于上述之寡妻妾合承夫分。由于子本身就属于共有主体的
范围，具备析产权，所以前者是析产行为；后者中的寡妻妾并非共
有关系中的权利主体，所以只能被看作是继承行为。

平均分配作为析产的重要原则，无论是家长主持下的析产，还
是尊长死亡后众兄弟进行的析产，都必须坚持这一原则。即便是家
长，若在析产时分财不公，同样要受到处罚。如《明会典》卷 134
《刑部·卑幼私擅用财》条规定："若同居家长应分家财，不均平者，
罪亦如之（杖一百）。"清之规定亦同。至于家长死亡之后的析产，
若有人多拿多占，则以"坐赃"论罪。③

---

① 陈金全、杜万华主编：《贵州文斗寨苗族契约法律文书汇编——姜元泽家藏契约
文书》，人民出版社 2006 年版，第 472 页。
② 《宋刑统》卷 12《户婚》"卑幼私用财"门，法律出版社 1999 年版，第 221 页。
③ 《大明律》卷 4《户律·户役》"卑幼私擅用财"条，法律出版社 1999 年版，第
51 页。

当然，平均分配只是一般原则，某些时候也有一些特殊法则。如清代法律规定："奸生之子依子量与半分，如别无子立应继之人为嗣，与奸生之子均分，无应继之人，方许承继全分。"[①] 又如某些家族法中，对嫡长子往往在析产时多留一份，以供承袭宗祧和家祭之用。嫡长孙若日后承大业者，析产时亦可获得一份。但这些并非普遍现象，兹不多论。

如果析产行为发生于尊长健在之时，尊长与子孙都参与析产。家长对后辈应一视同仁，公平分配，不存亲疏之心，厚此薄彼。但法律对析产时家长应占多少份额、是否与子孙平均分析家产并没有作具体规定。从法理的角度来理解，家长在析产时无论多占、少占，还是与诸子平分，都应是合理合法的，子孙对此不得有任何异议。

倘若析产发生的原因是家庭主要成员犯重罪而被论刑，那么不属缘坐或免予缘坐的同居亲属结束共财关系而依律分析家产时，同不论老少尊卑，一律平均分配。《唐律疏议·贼盗·缘坐非同居》条中规定：

　　虽同居，非缘坐及缘坐人子孙应免流者，各准分法留还。《疏议》曰：男夫年八十及笃疾，妇人年六十及废疾，各准户内应分人多少，人别得准一子分法留还。问曰："假有一人年八十，有三男、十孙，或一孙反逆，或一男见在；或三男俱死，唯有十孙。老者若为留分？"答曰："男但一人见在，依令作三男分法，添老者一人，即分四分。若三男死尽，依令诸子均分，

---

① 《大清律例》卷8《户律·户役》"卑幼私擅用财"条，法律出版社1999年版，第187页。

老人共十孙为十一分，留一分与老者，是为各准一子分法。"①

析产一般有文书，有见证人，文书后附有分家的财产清单。析产虽应均分，但土地的肥瘠，房屋的朝向，牲畜的老幼，家什的新旧在析产中根本无法平均，以致多有纷争。所以析产一般会请家族长老主持，有些父祖唯恐死后子孙争产，故生前即以遗书的形式将财产平均分配完毕，以防争执。这些分家文书一般称遗令、遗书，敦煌文书中多有遗书样式，说明父祖生前分产者较为普遍。

以上就析产的概念、性质及析产的原则、方法等进行了粗疏的讨论，从中我们可以得出以下几点结论性意见。

第一，家庭共有关系的存在是析产行为得以产生的前提条件，没有共有关系的存在，析产行为犹如空中楼阁，无法存在。同时由于共有关系是不断发展、变化的，且变化的频率较快，所以析产行为具有普遍性的特点。

第二，析产所分割的是建立在共有关系基础之上的共同财产，只有共有主体才具备析产的权利。所以从性质上讲，析产是所有权权能的转移过程，这也是它与继承行为最基本的区别标志。

第三，析产行为的发生始于共有关系的终止，而共有关系终止的原因一般是家长死亡，所以析产行为多发生于家长死亡之后，往往与继承行为同时出现。当然家长认为有必要结束共有关系时，生前即可遗嘱后辈进行析产。

第四，平均分配是析产中最基本的原则，个人对家庭共有财富积累的贡献虽有大小之别，但在析产时并不按贡献大小来进行分割，

---

① 《唐律疏议》卷17《贼盗》"缘坐非同居"条，中华书局1983年版，第323—324页；《宋刑统》卷17《贼盗》"谋反逆叛"门略同，法律出版社1999年版，第307页。

而是按共有主体的人数平均分配。

第二节　中国古代遗嘱继承制度质疑

继承有法定继承和遗嘱继承之别。一般而言，遗嘱继承被认为是不受法定继承限制的继承制度：遗嘱人有权撤销或变更原先法定继承人可能继承自己遗产的先后顺序，完全按自己的意愿来排定继承顺序。在当今社会，遗嘱继承之效力也高于法定继承：无论有无法定继承人，财产所有人均有权用遗嘱处置部分或全部财产，无遗嘱或遗嘱无效时方可适用法定继承。

而在中国古代，法定继承是唯一形式。中国古代的法律仅允许被继承人在"户绝"时适用遗嘱，有子时则必须实行法定继承，这与普通意义上的遗嘱继承制度相去甚远。所以，中国古代不存在一般意义上的遗嘱继承制度。

然而，古代史籍中屡屡出现所谓"遗嘱""遗命""遗令""遗训""遗诫"等，常被学者们作为中国古代存在遗嘱继承的铁证。中国古代存在着遗嘱继承制度的论点，已经得到法史学界的普遍认同。凡笔者所见涉及继承制度的法制史论者都在重复着这样一种共识：虽然古代中国遗嘱继承的风气并不盛行，但至少自汉代以来就有了遗嘱继承制度，且效力高于法定继承。[①] 窃以为，这一结论是在对产生遗嘱继承制度的前提条件研究不充分、概念使用不精确、论证方法不严谨情形下仓促做出的，想当然的成分居多，难经推敲。

---

① 参见张晋藩《中国古代法律制度》，中国广播电视出版社 1992 年版；陈鹏生主编《中国古代法律三百题》，上海古籍出版社 1991 年版；蒲坚主编《中国法制史》，光明日报出版社 1987 年版；邢铁《唐代的遗嘱继产问题》，《人文杂志》1994 年第 5 期。

一　遗嘱继承制度的前提条件

财产继承不仅以个人所有权为前提条件，继承方式也取决于个人所有权的类型，个人所有权的类别不同，其继承形式也迥然各异。在人类社会的早期，个人所有权一般表现为个人共同共有权，人们以家族、大家庭等亲属关系为纽带组成共同共有团体，成员同为共有主体，共同享有所有权。

虽然个人共有权本质上属个人所有权，但因共有主体的财产权利不按比例划分，而是对全部财产不分份额地享有所有权，每一主体便不可能明确自己应享有的财产份额，个人所有权事实上无法摆脱共同共有关系而独立存在。

个人所有权既不纯粹，作为所有权转移手段的继承行为也必然要受到限制，财产继承只能在亲属范围内传替，死者不能自由决定。这种继承方式便是所谓的法定继承制度。法律限制遗产的自由转移，是因为共有团体都由亲属组成，当然要首先保证死者生存亲属的财产权利；而且由于共有人对全部共有财产不分份额地享有所有权，死者之遗产与共有财产之间也无法区分，即便法律允许死者用遗嘱自由处分财产，实际上也无法操作。所以，共同共有关系下，只能产生法定继承，通过遗嘱自由转移财产的继承制度，在当时的产权体制下是无法想象的。

只有当个人所有权摆脱亲属共有权的羁绊，产生出物的所有权属于单独一个个体的单纯的个人所有权时，个人对物的权利排他且完整，拥有对物的完全处分权，才能实现遗嘱自由。法定继承则退居其次，只有被继承人无遗嘱或遗嘱无效时，方进行法定继承。

所以，如果说继承以个人所有权为前提，那么，遗嘱继承则必须以单纯的个人所有权为充分又必要条件。历史事实也证明了这一点。遗嘱继承之所以发轫于古罗马，无疑与当时独立的个人所有权的确立有着直接的关联，以后世界各国的遗嘱继承制度也莫不以单纯的个人所有权为基石。

不可否认，近现代法律都允许按份共有制下的共有人用遗嘱处分自己拥有的财产份额，但这并不意味着遗嘱继承无须以单纯的个人所有权为前提，也不能说明在个人共有权制度下能否适用遗嘱继承完全出自法律的任意规定。

按份共有的组织形式不同于亲属共同共有。后者之成立，基于家族、家庭等亲属公同关系，没有公同关系就不会有共同共有关系，共有人的共有权是"生成的"，无论长幼、无论是否对共有财产的积累有所贡献，只要是属于家庭、家族范围之内的，天生就具备共有权；共有人不分份额地共同拥有共有财产，相互之间的权利与义务混同连带。

而按份共有下，共有权之成立，基于人或物的集合，由单纯的个人所有权自愿组合而成；共有人按份额对共有财产分享权利、承担义务，份额之多寡取决于出资比例、贡献大小或合同约定，共有权是各自劳动"做成的"。基于单纯个人所有权的按份共有，因各领有其应有部分，一个共有人死亡，其份额可按遗嘱自由处置。可见，近代按份共有下的遗嘱继承仍然是以单纯的个人所有权为前提条件的。

遗嘱继承制度的产生，还需传统家庭观念和亲属观念的淡化这一辅助条件。众所周知，法定继承是随着亲属关系的日益明确而出现的，其典型特点是遗产必须由亲属继承，继承顺序取决于继承人与死者的亲等关系，因此，法定继承被看作是维系亲属共有关系与情感联络的最佳继承方式。

而遗嘱继承制度则允许死者将遗产留与他认为合适的人或团体，

不必局限于法定继承人，事实上是对亲属绝对继承权的否定。这样一种继承制度，只能产生于家庭、亲属观念日趋淡漠的社会环境中。亲情关系的淡漠，在一个单纯的个人所有权成为个人所有权主流的社会中，极易出现，因为亲属间财产分立，缺乏财产权方面的密切联系，将必然导致亲情关系的淡化。但在一个个人共有权仍然是个人所有权关系主流的社会中，亲情观念依然浓厚，财产属于亲属共有意识仍旧强烈，法律极有可能不允许享有单纯的个人所有权的主体使用遗嘱权利。所以，徒有单纯的个人所有权，还不足以诱发遗嘱继承制度。

遗嘱继承制度只能是以上两个方面条件综合作用下的产物，考察中国古代是否有遗嘱继承制度必须从研究前提条件入手。而无视单纯的个人所有权与遗嘱继承制度之间的因果关系，将之当作无须上述条件而可独立存在的社会制度，正是目前研究中的通病。有些学者虽然注意到单纯的个人所有权与遗嘱继承制度之间的联系，却认为这种联系只存在于西方社会，而中国古代的遗嘱继承"并非像西方的继产遗嘱那样基于财产私有制度，而主要是传统的家庭观念所使然"①。

上述论点暗含一个逻辑前提，即中国古代的法定继承不以家庭观念为出发点，被继承人若不使用遗嘱手段，其家人将难以继承其遗产。而众所周知的是，中国古代的法定继承完全是以家庭为本位的，明确规定父死子继，且为平均继承，所谓传统的家庭观念导致遗嘱继承的说法，还有可推敲之处。

那么，中国古代到底有没有单纯的个人所有权呢？

一般而言，古代中国社会的个人所有权表现为共同共有权，个

① 邢铁：《唐代的遗嘱继产问题》，《人文杂志》1994年第5期。

人不该也不能拥有单纯的个人所有权。所谓不该，是指传统伦理自始至终要求民众"敬宗收族""共聚同食"，独立的个人所有权有悖于孝悌观念。所谓不能，是指从礼到法都极力排斥单纯的个人所有权，在产权关系上强迫实行以"大功同财""同居共财"为形式的亲属共同共有制。

具有法学理论意义的儒家经典及历朝法律从来都把大功、同居与共财等同为一个概念，《礼记·丧服小记》："同财而祭其祖祢者为同居"；郑玄在注《仪礼·丧服》之"大功之亲"时，称"大功之亲，谓同财者也"；《唐律疏议·擅兴》"征人冒名相代"条疏议曰："称同居亲属者，谓同居共财者"；《大清律例·名例律》"亲属相为容隐"条在释"同居"时也称"同财共居"。可见，大功或同居亲属在产权关系上必须实行共同共有制。因为古代社会同居的规模一般止于大功（祖孙三代）亲属，所以绝大多数情况下，"同居共财"实际上代表了"大功同财"。

以同居共财为主要形式的共同共有始终是中国古代社会财产权关系的主流，现存的历代律典，从《唐律疏议》到《大清律例》，都明确规定同居家庭必须实行共财制度，禁止同居成员拥有个人私产，所有收入皆不能私自留存，而要上缴同居团体作为共有财产，由家长统一调度、管理。成员若隐匿收入或擅自分异财产，要受法律制裁。① 为维系同居团体的亲睦与凝聚力，同居成员不分份额地共同拥有财产，个体成员的财产权利被看作共同财产权中不可分割的

---

① 参见《唐律疏议》卷12《户婚》"同居卑幼私辄用财"条，中华书局1983年版，第241页；《宋刑统》卷12《户婚》"卑幼私用财"门，法律出版社1999年版，第221页；《大明律》卷4《户律·户役》"卑幼私擅用财"条，法律出版社1999年版，第51页；《大清律例》卷8《户律·户役》"卑幼私擅用财"条，法律出版社1999年版，第187页。

股份，绝不允许有独立的个人私产权。如此一来，古代社会的个人所有权一般表现为个人共同共有权，而非单纯的个人所有权。

个人共同共有权的盛行与古代社会遗留着众多的原始血缘体制基因有着直接的关联。中国在进入阶级社会后，由于氏族血缘体系遗存较多，加上浓厚的祖先崇拜文化，导致了血缘体系与阶级体系的并存；同时因为农业文明的关系，血缘集团占有固定和毗连的土地，并安土重迁，又促成了血缘单位和领土单位的合一。

以周代为例，所推行的宗法制度即是阶级体系与血缘体系相混同的产物；所实行的大分封，亦是按地域和氏族的双重标准来进行的。周代以降，典型的宗法制度虽然瓦解，但宗法关系日渐缜密，血缘体系并没有因此而削弱。血缘关系的广泛遗存，使血亲共财制有了坚实的社会基础，故长盛不衰，并有效地遏制了单纯的个人所有权的发生与发展。

共同共有制下，共有人之财产权利与义务混同连带并平等地享有所有权，不像按份共有那样是按比例来划分。不到这种共有关系结束并进行共有财产的分割时，不可能明确每一主体应享有的份额。一个共有人死亡，若共有关系依旧持续，生存共有人继续不分份额地共同享有财产所有权，也就无所谓继承问题，共有人死亡的后果仅仅是共有主体的缩减。只有当共有人的死亡导致共有关系终止时，才产生继承问题。因为共有关系终止时，共有人分割共有财产为个人财产的行为中包括对已死亡共有人财产权利的划分。

当然，此时共有人分割的财产中，遗产只是其中的一部分，另一部分为生存共有人之同产，所以，继承不是单独发生的，而是与析产（即共有人在共有关系终止时对共有财产的分割）同步发生的。① 但这时的继承只能以法定继承的方式来完成，不能适用遗嘱继承。

　　首先，因为共有人的共有权是"生成的"，已死亡的共有人可能对共有财产的积累毫无贡献，若授予遗嘱权，任其自由处置他人的劳动积累，显然有失公平；其次，因为遗产与同产相互混淆，如实行遗嘱继承，先需区分同产与遗产，然后方可分别进行析产与继承，操作手续过于繁杂。而适用法定继承，既防止了死亡共有人将同居成员的劳动成果转移给他人的可能性，又操作简易。

　　因为古代共同共有关系由亲等密切的亲属组成，在析产和继承混合发生时，进行析产的共有人同时又是已死亡共有人的法定继承人，故无须区分同产与遗产，平均分析即可。或因为此，中国古代法律将此类析产与继承相混杂的行为称作"同居应分"，不再细加甄别，规定全部财产由生存共有人平均分割，不准适用遗嘱。

　　由此可见，共同共有关系下形成的个人共有权，是不可能引发遗嘱继承制度的。当然，我们也应该看到，个人共有权虽是中国古代个人所有权的主流形式，但个人共有权在一定条件下，可转异为单纯的个人所有权。这是古代共有制度的特殊性造成的。

　　在古代共有制度下，同居成员并非全部是共有主体，女性成员被排除在共有主体之外，只有男性成员方有资格充当共有主体。虽称"同居共有"，实际上是父宗血缘团体共有制，同姓共有、禁止财产外流是其主要特征。妻是来自外姓的，女儿虽属同姓，但终究是要嫁于外姓为妇的，若承认她们是共有主体，夫妻离婚、女儿外嫁，都会产生分割共有财产的问题，财产外流便无法遏制。所以，共有

　　① 析产与继承的区别，参见拙文《略论唐宋明清的析产制度》，《青海社会科学》1997年第3期。

关系不由婚姻产生，离异时，妻也不能分割夫家财产；家中的女性后裔也无权与兄弟一同参与家产的分析、继承，仅能在出嫁时获得一份嫁奁。

将妻、女排除在共有主体之外的做法，直至民国初年，依然盛行于民间。对当时的民事习惯调查显示，很多地方都有离婚时妻不得分割夫家财产而只能带走嫁奁、亲生女无权参与家产分析等习惯，有些地区甚至不允许亲生女继承"户绝"财产。① 民国年间尚如此，那么，古代社会的财产关系下，排挤同居女性成员的行为，恐怕只会是有过之而无不及。这样一来，当某一共有团体中只剩下单独一个男性时，个人共有权事实上已转化为单纯的个人所有权。这种转化通常因为以下两种原因而出现。

一是因为"同居异财"的缘故。古代法律虽禁止卑亲属擅自与尊亲属"同居异财"，但允许尊亲在不别立户籍的前提下与子辈财产分立，组成户同而财异的家庭形式。如一父数子的家庭，终止原共财关系而各人财产分立，父之财产便成为个人所有物。因为他与子已结束共有关系，妻又无权成为共有人；与其父财产分立的诸子，其中若有无男性后裔者，因暂无其他共有人，也获得了单纯的个人所有权。

二是因为发生"户绝"现象。一个原本由多个共有主体的共财团体中，后辈全部先于长辈死亡而缺乏男性后裔时，或一家未能生育男性后代又未领养养子时，都称"户绝"。此时，因缺少共有人，也产生了单纯的个人所有权。

但是，中国古代社会极重视宗族之延续，未能生育男性后代的

---

① 详见南京国民政府司法行政部编《民事习惯调查报告录》第 4 编《亲属继承习惯》，中国政法大学出版社 2000 年版，第 759—1066 页。

家庭一般都要收养嗣子，户绝的情形极少发生。户同财异有悖于孝悌伦理，除非家庭之财产纠纷十分严重，一般家庭都不会实行同居异财。因此，单纯的个人所有权极为罕见，还不足以诱发遗嘱继承制度。

同时，中国是一个农业立国的社会，民众多聚族而居，社会意识自然以家族、亲情为凝聚点。它不仅把家与族提到了人生中最重要的生活群体的地位，而且把维系家族血缘和群体感情的孝悌观念确定为最具普遍性的伦理模式与最高的道德价值。财产作为维系家族、家庭本位主义的经济基础，属于亲族共有的意识极为强烈。

我们还应看到，古代农业社会中，土地是最重要的财产，聚族而居以固定和毗连的土地为前提，若准许用遗嘱自由处分财产，土地便难免流入外族手中，不仅聚族为村的传统难以保持，宗法伦理也不能维系。所以，尽管有单纯的个人所有权，法律却不准许权利人自由使用遗嘱权，规定有直系男性卑亲属时，必须实行法定继承，只有缺乏男性后裔而出现户绝时，方可使用遗嘱权。那么，这是不是通常意义上的遗嘱继承制度呢？这就涉及对遗嘱继承制度的概念理解问题。

二 遗嘱继承制度的概念

所谓遗嘱继承制度，是指由被继承人生前所立遗嘱来指定继承人及继承的遗产种类、数额的继承方式。从渊源上看，此项制度滥觞于古罗马。日耳曼人灭亡罗马帝国后，由于实行分封制及嫡长子继承制为核心的法定继承制度，西欧事实上不存在遗嘱继承制度。中世纪后期，教会法庭支持信徒将动产遗赠给教会，因此，在动产上适用遗嘱，以后扩展至不动产，罗马式的遗嘱制度才被恢复，沿用至今。

在中国，遗嘱继承制度出现得较晚，最早规定这一制度是在民国二十年（1931年）实行的《民法》之《继承编》。从古至今，遗嘱继承制度虽历经变化，然万变不离其宗，其主旨并没有发生变化，依旧保持着下列罗马时代就已确立的基本原则。

第一，遗嘱自由。具有单纯个人所有权的主体可完全按自己的意愿处分遗产，除去"特留份"之外，遗嘱人有权规定由法定继承人中的一人或数人继承其遗产，也可指定由法定继承人以外的任何个人和团体继承其遗产，并有权在指定的继承人之间将遗产做等额或不等额的分配。

第二，遗嘱继承不受法定继承的限制。遗嘱人有权撤销或变更原先法定继承人可能继承自己遗产的先后顺序，完全按自己的意愿来排定继承顺序。

第三，遗嘱继承之效力高于法定继承。无论有无法定继承人，财产所有人均有权用遗嘱处置部分或全部财产，无遗嘱或遗嘱无效时方可适用法定继承。

以上三点可以看作遗嘱继承制度的法律构成要件，符合上述三个标准的继承方式才能被称为遗嘱继承制度。那么，中国古代法律中关于遗嘱处分财产又是如何规定的呢？就笔者所知，古代法律中明确涉及遗嘱问题的条文有以下两则。

一是唐、宋时期的《丧葬令》：

> 诸身丧户绝，所有部曲、客女、店宅、资财，并令近亲（亲，依本服，不以出降）转易贷卖，将营葬事及量营功德之外，余财并与女（户虽同，资财先别者，亦准此）。无女均入以

次近亲，无亲戚者，官为检校。若亡人存日，自有遗嘱处分，证验分明者，不用此令。①

二是宋代的《户令》：

诸财产无承分人，愿遗嘱与内外缌麻以上亲者，听自陈。②

那么，是否可以据此认为中国古代有遗嘱继承制度呢？这就事关概念理解问题。若把遗嘱继承制度理解为特殊情形下的遗嘱行为，中国古代的确存在遗嘱继承制度；但若把遗嘱继承当作必须符合前述三个要件的法律制度，那中国古代就不存在所谓的遗嘱继承制度。

因为从一般意义上讲，在遗嘱继承制度下，凡具有单纯个人所有权的主体都应享有遗嘱自由权。而上引的法律条文只允许在"户绝""无财产承分人"时使用遗嘱权。如有男性后裔，纵有单纯的个人所有权，也不具备遗嘱处分权。

唐宋《丧葬令》中"户虽同，资财先别者，亦准此"的规定，粗看起来，似乎形成"同居异财"关系的家庭中，凡具有单纯个人所有权的主体，都可与户绝之家同样适用遗嘱继承。其实不然。如某个父甲、子乙、子丙财产分立的同居家庭中，假设乙、丙皆无子，按古代共同共有制只有男性才能充当共有主体的规定，甲、乙、丙

---

① 《宋刑统》卷12《户婚》"户绝资产"门引唐代《丧葬令》，法律出版社1999年版，第222—223页。
② 《名公书判清明集》卷5《户婚门·争业下》"继母将养老田遗嘱于亲生女"条，中华书局1987年版，第141—142页。

三人都具备单纯的个人所有权。但甲有乙、丙二子，并非"户绝"或"无财产承分人"，死亡时无权自由指定继承人，必须按法定继承的方式，由乙、丙平均继承。而乙、丙二人因无子可视为"户绝"，死亡时可用遗嘱处分财产。

既然只能在无子时方可使用遗嘱权，显然不符合遗嘱继承之遗嘱自由的基本精神。同时，中国古代的继承制度中，男性后代为第一顺序法定继承人，无男性后裔时才可适用遗嘱，说明遗嘱人无权变更法定继承之顺序，法定继承的效力高于遗嘱继承，也有悖于遗嘱继承制度的一般原则。

不难看出，中国古代关于遗嘱的法律规定与通常意义上的遗嘱继承制度存在着极大的差异，将之称为遗嘱继承制度的萌芽，恐怕更为妥当。

需要进一步说明的是，"户绝"时可适用遗嘱的规定仅见于唐、宋两朝，其他各朝均没有类似的法律条文。而且，即使在唐、宋时期，这一有限的遗嘱权也未必能够得到保障。如按宋代法律规定，无子又未立嗣的"户绝"之家，可由近亲尊长在其死后以"命继"的方式为其代立嗣子。[①] 这种死后立嗣的方式使死者由无子变为有子，已不属于"户绝"之列。死者纵有遗嘱，也似乎无效，其全部财产就要按法定继承的程序来进行继承。从《名公书判清明集》所载案例看，宋代似乎专门有这方面的法律规定：

> 解汝霖因虏入寇，夫妻俱亡，全家被虏，越及数年，始有幼女七姑、女孙秀娘回归。其侄解勤抚于其家……又欲视为己

---

① 详见丁凌华《我国古代法律对无子立嗣是怎样规定的?》，载《中国古代法律三百题》，上海古籍出版社 1991 年版，第 394—396 页。

业……惟立继绝之子一人，曰伴哥，以承汝霖之业。虽云绝家
尊长，许令命继……然挟一幼子，而占据乃叔田产，二女在室，
各无处分，安能免议……准法：诸已绝之家而立继绝子孙，谓
近亲尊长命继者。于绝家财产，若只有在室诸女，即以全户四
分之一给之（继绝者），若又有归宗女，给五分之一……止有归
宗诸女，依户绝法给外，即以其余减半给之，余者没官。止有
出嫁诸女者，即以三分为率，以二分与出嫁女均给，一分没官。
若无在室、归宗，出嫁诸女，以全户三分之一给之。①

　　专立"命继"立嗣时的财产继承法规，说明此类情况在当时较
为常见。像解勤这种以立嗣为名，实则窃取他人财产的行为，虽不
合情，却是合法的。试问：这样一种法律体系下，如何会有充分尊
重死者意愿的遗嘱继承制度呢？

　　判定一个社会中是否存在某项制度，必须先对制度的概念有明
确的认识，否则就会成为无谓的概念之争，于事无补。当学术界对
某个概念已经有明确的界定时，也不宜另立概念，否则将使简单的
问题人为地复杂化，有害无益。

　　具体到遗嘱继承制度，国内外学术界已经确定它是必须符合前
述三个要件的法律制度，就不宜再把仅允许"户绝"时用遗嘱处分
财产的规定当作标准意义上的遗嘱继承制度。按英国著名法史学家
梅因（Maine）的研究，古犹太人、雅典人的法律中都有无男性卑亲
属时可用遗嘱自由处分财产的制度，但学术界包括梅因本人仍坚持

---

　　①　《名公书判清明集》卷8《户婚门·女承分》"处分孤遗田产"条，中华书局
1987年版，第287—289页。

认为遗嘱继承诞生于古罗马时期。[①] 这同样应该成为我们在探讨中国古代是否存在遗嘱继承时所遵循的原则。

一些肯定中国古代有遗嘱继承制度的学者，潜意识中将遗嘱权与家长权等同起来，认为古代社会盛行家长制，同居共有实际上是家长个人所有，家长有权用遗嘱处分共有财产。其实，共有绝非家长私有，《大明律集解附例》中对此有明确的解释："盖同居则共财矣。财虽为公共之物，但卑幼得用之，不得而自擅也；尊长得掌之，不得而自私也。"[②] 家长持有的仅是控制权而非所有权。

共有财产的使用、处置等虽然由家长统筹，但他只是作为同居团体的代表来行使权利，目的在于防止共有资产的流失及确保共有关系的稳定与持久。从所有权的角度讲，家长也只是共有主体之一，与其他共有人并无区别。

当然，家长对共有财产的控制权，若不加以限制，的确极易演化为个人私有权。为保障其他共有人的权益，法律规定，共有关系存续期间，财产由家长统筹，其他共有人不得私擅使用及分异共有财产；但共有关系终止时，共有人拥有平均分析共有财产的权利，家长无权把共有财产转移给共有主体以外的人或团体。《唐律疏议·户婚》"子孙别籍异财"条疏议曰："应分田宅及财物者，兄弟均分……兄弟亡者，子承父分，违此条文者，是谓不均平……坐赃论，减三等。"

从条文看，凡分财不均都要按坐赃罪处罚，那么，如主持分析

---

① ［英］梅因：《古代法》，沈景一译，商务印书馆1959年版，第98—122页。
② （明）高举：《大明律集解附例》卷4《户律·户役》"卑幼私擅用财"条纂注，高柯立、林荣辑《明清法制史料辑刊》第三辑第6册，国家图书馆出版社2015年版，第120—121页。

的家长在分财时厚此薄彼，应同样难逃制裁。明清时的法律则明确规定，分财不均的家长须承担刑事责任，如《大清律例·户律》"卑幼私擅用财"条规定："凡同居卑幼擅用本家财物者，十两笞二十，每十两加一等，罪止杖一百. 若同居尊长应分家财不均平者，罪亦如之。"

律文中将分财不均和私擅用财等同并列，把它们看作对共有财产的侵犯，说明无论家长控制家产的程度如何，法律始终认定家产为共有财产，其终极所有权属于全体共有人，家长不能任意处置。前已述及古代共同共有体制下继承与析产往往同步发生，既然析产时家长不能随心所欲，也就意味着在继承时同样不能自行其是。可见，所谓家长有权用遗嘱处分家产的论点并没有确凿的证据，主观臆测的成分居多。

此外，史籍中屡屡出现的所谓"遗嘱""遗命""遗令""遗训""遗诫"等，常被学者们作为古代存在遗嘱继承的铁证。其实，这些都是家长唯恐自己身死后子孙争财而预先对家产分析所做的训诫，一般不涉及家产的具体分配，有些虽附有家产分配清单，但也只是家长作为名义上的主持人，按法律平均分析的规定进行分配，不能根据个人意愿随意分配。上文所引家长分财时必须按规定均分于诸子的法律条文，即是明证。所以，这类"遗嘱""遗命"等，并不体现家长个人的意愿，也不是通常意义上的遗嘱行为。

三　对史籍所载遗嘱继承实例的分析

探讨中国古代的遗嘱继承问题，首先应将其视为一项法律制度，必须以法律条文为依据，实例只能作为旁证材料。而不能本末倒置，以个例推测制度，因为法律规定与社会生活中的实例难免有出入，有实例并不代表有制度。

由于我们目前所知的古代遗嘱继承方面的法律条文极为有限，多数的民法史论著在讨论古代尤其是古代早期的遗嘱继承制度时，大多从一些史籍中所载的遗嘱继承实例来推测、说明当时的制度。这样做，虽然事出有因，但以社会实际生活中的个别遗嘱继承实例证明法律中有遗嘱继承制度，就比如用实际生活中有杀人行为来证明法律允许杀人一样，是不足为凭的。再加之他们所选用的一些实例，或属于错用，或不具有普遍性，得出的结论自然就更不可靠了。

首先，某些被学者们反复引用的所谓遗嘱继承的范例，似是而非。典型者，如江苏仪征胥浦 101 号西汉墓中出土的序号为 M101·87 的"先令券书"竹简：

（01）元始五年（5）九月壬辰朔辛丑（亥），高都

（02）里朱凌，卢（庐）居新安里。甚接其死，故请县、

（03）乡三老、都乡有秩、左、里师、田谭等

（04）为先令券书。凌自言：有三父，子男女

（05）六人，皆不同父。〔欲〕令子各知其父家次，子女以

（06）君、子真、子方、仙君，父为朱孙；弟公文，父

（07）吴衰近君；女弟弱君，父曲阿病长宾。

（08）姬言：公文年十五去家，自出为姓，遂居外，未尝

（09）持一钱来归。姬予（与）子真、子方自为产业。子女仙君、

（10）弱君等，贫毋产业。五年四月十日，姬以稻田一处、桑

（11）田二处，分予弱君，波（陂）田一处分予仙君，于

至十二月。

（12）公文伤人为徒，贫无产业。于至十二月十一日，仙君、弱君

（13）各归田于姁，让予公文。姁即受田，以田分予公文：稻田二处，

（14）桑田二处。田界易如故，公文不得移卖予他人。时任

（15）知者：里师、伍人谭等及亲属孔聚、田文、满真。

（16）先令券书明白，可以从事。①

很多论著都将此看作形式完备的遗嘱文件，而且有官方代表做证人，说明遗嘱处分财产是合乎当时的法律原则的。其实不然。细读原文，可知以君、子真、子方、仙君、公文、弱君六人为同父异母之兄妹，父皆已过世，其母（老姁）尚在世。业已形成"同居异财"关系。

在当初分割家产时，按家产只能由子辈分析的原则，应由子真、子方、公文三兄弟平均分析。但公文自少外出，其母便将原本属于公文的产业暂给了贫无产业的女儿仙君与弱君。身为长兄的子真（朱凌）在临终前觉得有必要收回仙君和弱君的田产，交付给原所有人公文，故由母亲主持，请县、乡三老和亲属作证，并立券书为据。

既然券书中处置的田产并非朱凌本人之财产，这份文书自然也非朱凌处分己身财产的遗嘱，只是归还公文产业的见证书。若以此

---

① 扬州博物馆：《江苏仪征胥浦 101 号西汉墓》，《文物》1987 年第 1 期，释文参考了陈平、王勤金《仪征胥浦 101 号西汉墓〈先令券书〉初考》（《文物》1987 年第 1 期）及张传玺主编《中国历代契约萃编》上册（北京大学出版社 2014 年版，第 80 页）中的释文。

例认定汉代有遗嘱继承制度，无疑是指鹿为马。

其次，有些被用来说明遗嘱继承制度的事例明显与当时的法律制度相悖，属特殊现象，不足为凭。如南宋时期《名公书判清明集》所载案例：

> 郑应辰无嗣，亲生二女……过房一子曰孝先……应辰存日，二女各遗嘱田一百三十亩，库一座与之，殊不为过。应辰死后，养子乃欲掩有……县丞所断，不计家业之厚薄，乃徒较（校）其遗嘱之是非，义利之去就。却不思身为养子，承受田三千，而所拨不过二百六十，遗嘱之是非何以辩也……照元（原）遗嘱各拨田一百三十亩。①

如单纯依据此案，似乎宋代在有子嗣时也允许遗嘱处分财产，但前引宋朝律令明确规定，无财产承分人时方可适用遗嘱继承。出现矛盾的原因是此案较为特殊。郑应辰之养子孝先或许以有子时不合遗嘱为由，诉至县衙，请求判定养父之遗嘱为非法。县丞根据律令认定遗嘱无效，判孝先继承全部家业。上诉至州，州官虽也承认遗嘱无效，但考虑到所遗家业丰厚，养子已承受多半，拨给亲生女的不足十分之一，也合情理。所以认为不必追究遗嘱是否合法，改判按原遗嘱执行。

此案中，养子孝先的诉讼、县丞之原判，皆是有法律依据的，而州官之所断，纯属法外矜情。《名公书判清明集》所载另一案例似乎可以作为旁证：寡妇叶氏将养老田遗嘱于亲生女归娘继承，而不

---

① 《名公书判清明集》卷8《户婚门·遗嘱》"女合承分"条，中华书局1987年版，第290—291页。

与继子蒋汝霖，官府以"有承分人不合遗嘱"改判由蒋汝霖继承。①
这应该才是代表当时的一般司法原则的典型案例。

最后，一些被引用的遗嘱继承的事例过于偏颇，不适宜用来说
明当时社会生活的一般情形。

例一：《太平御览》卷836引应劭《风俗通义》之佚文：

> （汉时）沛中有富豪，家訾三千万。小妇子是男，又早失
> 母，其大妇女甚不贤。公病困，恐死后必当争财，男儿判不全
> 得，因呼族人为遗令。云，"悉以财属女，但以一剑与男，年十
> 五以付之。"儿后大，姊不肯与剑，男乃指官诉之。司空何武
> 曰："剑，所以断决也；限年十五，有智力足也。女及婿温饱十
> 五年已幸矣！"议者皆服，谓武原情度事得其理。

此例中，父将全部财产留给其女，而幼子的法定继承权被剥夺。
假使这是符合当时法律规定的，那么汉朝便有了迄今为止世界上最
自由的遗嘱继承制度：不论法定继承人有无劳动和生活能力，被继
承人都可剥夺其继承权，而不必给予他"特留份"；被继承人也无须
因继承人与自己的亲等密切程度而为其保留"应继份"。试想，在一
个倡导父子同财、强调宗法主义的社会中，能有这样绝对自由的遗
嘱继承制度吗？虽然汉代有无遗嘱方面的专门法律条文现在还是个
疑问，但可以肯定的是绝不会有允许剥夺亲生子继承权的法律制度。
官府以后改判由其子承继家产，改判并且得到了社会舆论的褒扬，
说明于理于法都不许在有子时适用遗嘱。

---

① 《名公书判清明集》卷8《户婚门·争业下》"继母将养老田遗嘱于亲生女"条，
中华书局1987年版，第141—142页。

其实，类似的案例也出现在宋代：

> 有民家子与姊壻（婿）讼家财。壻言妻父临终，此子裁三岁，故见命掌赀产；且有遗书，令异日以十之三与子，余七与壻。咏览之，索酒酹地曰："汝妻父，智人也，以子幼故托汝。苟以七与子，则子死汝手矣。"亟命以七给其子，余三给壻，人皆服其明断。①

以上两个案例在情节方面多有相似。据邢铁先生的考察，清代也有类似案例：

> 富民张老者，妻生一女，无子，赘某甲于家。久之，妾生子，名一飞，四岁而张老卒。张病时谓婿曰"妾子不足任，吾财当畀尔夫妇，尔但养彼母子不死沟壑，即汝阴德矣"。于是出券书之"张一非吾子也家财尽与吾婿外人不得争夺"。婿乃据有张业不疑。后妾子壮，告官求分。婿以券呈，官遂置不问。他日，奉使者至，妾子复诉，婿仍呈券为证。使者因更其句，说曰："张一非，吾子也，家财尽与；吾婿外人，不得争夺。"曰："尔尚敢有其业耶？诡书'飞'为'非'者，虑彼幼为儿害耳。"于是断给妾子，人称快焉。②

---

① 《宋史》卷 293《张咏传》，中华书局 1977 年版，第 9802 页。
② （清）魏息园编著：《不用刑审判书》卷 1，杨一凡、徐立志主编《历代判例判牍》第 12 册，中国社会科学出版社 2005 年版，第 510 页。又，《历代判例判牍》所收判文在"即汝阴德矣"与"婿乃据有张业不疑"之间缺漏了"于是出券书之张一非吾子也家财尽与吾婿外人不得争夺"等二十余字，今据邢铁《家产继承史论（修订本）》（云南大学出版社 2012 年版）一书第 146—147 页所引补全。

以上三个案例其实立意皆同，惩罚的全是类似于赘婿的女婿，迎合了人们歧视赘婿的传统心态。[①] 颇具传奇色彩，事例的真实性值得怀疑，以此类案例作为遗嘱继承的一般代表，甚至作为遗嘱继承制度很早就发端于中国的例证，显然极不妥当。

例二：敦煌文书中所见尼姑灵惠之唯（遗）书：

（01）尼灵惠唯书

（02）咸通六年（865）十月廿三日，尼灵惠忽染疾病，日日渐加，恐

（03）身无常，遂告诸亲，一一分析。不是昏沉之语，并最醒

（04）苏（甦）之言。灵惠只有家生婢子一名威娘，留与侄女潘娘，

（05）更无房资。灵惠变迁之日，一仰潘娘葬送营办，已

（06）后更不许诸亲吝护（妒）。恐后无凭，并对诸亲，遂作唯

（07）书，押署为验。

（08）弟金刚

（09）索家小娘子

（10）外甥尼灵皈

（11）外甥十二娘（指印）

（12）外甥索计计侄男康毛（押）

（13）侄男福晟（押）

---

① 邢铁：《家产继承史论（修订本）》，云南大学出版社 2012 年版，第 147 页。

（14）侄男胜贤（押）

（15）索郎水官

（16）左都督成真①

如果单纯看待此例，似乎唐代遗嘱继承的现象较为普遍，僧尼在传继财产时，也开始使用遗嘱。其实，法律准许僧尼适用遗嘱是因其无后等同于世俗"户绝"之家的缘故，而非当时遗嘱继承现象普遍化的结果。

据何兹全先生的研究，唐代僧尼间的财产关系，也分为"同活共财"和"非同活共财"两种，前种关系中，僧尼的遗产应当"一切入僧"；后种关系下的僧尼遗产，在唐前期，一般悉入官库，有时也归于僧众。至德宗时期（780—820年），才准许僧尼之遗产"一准律文分财法"。② 类似世俗"户绝"之家的"非同活共财"的僧尼才获得了遗嘱权。所以，此例只能作为唐代"户绝"时可适用遗嘱的旁证材料，而不能用来证明当时存在一般意义上的遗嘱继承制度。

总之，以史籍中的个别事例来论证古代存在遗嘱继承制度，已失其本来面目，若选用的事例再不恰当，将使制度面目全非。遗嘱继承作为一项法律制度，欲证实其存在，当以法规条文入手，以实例作为旁证材料。如缺乏法律依据，宁可存疑，也不可轻下结论。

综上所述，我们可得出以下四点结论性意见。

第一，中国古代不存在通常意义上的遗嘱继承制度。如前所述，

---

① 中科院历史研究所资料室编：《敦煌资料》第 1 辑，中华书局 1961 年版，第 403—404 页；张传玺主编：《中国历代契约萃编》上册，北京大学出版社 2014 年版，第 420—421 页。上引释文系结合两书释文而成，特此说明。

② 何兹全：《佛教经律关于僧尼私有财产的规定》，《北京师范大学学报》1982 年第 6 期。

遗嘱继承只能产生于单纯的个人所有权成为产权关系主流的社会环境中，而中国古代受儒家伦理的支配，加之广泛遗留的原始血缘基因，产权关系上普遍盛行共同共有制。只有当同居共有关系裂变为同居异财关系或出现"户绝"现象时，个人共有权才变异为单纯的个人所有权。但偶发的单纯个人所有权力量薄弱，加之浓厚的亲属共有财产观念，还不足以诱发遗嘱继承制度。法律仅允许被继承人在无法定继承人（即户绝）时适用遗嘱，有子嗣时，即使拥有单纯的个人所有权，也必须实行由诸子平均继承的法定继承方式。

第二，"户绝"的情况极少发生，故适用遗嘱权利的时候并不多。在同居规模扩大到家、族一体时，共有人全部死亡或无男性后裔的情形几乎无从发生，也就谈不遗嘱继承；共有规模有限时，"户绝"发生的可能性也较小，一般无亲生子的家庭，大多要收养同宗昭穆相当之亲属为嗣子，以避免绝后，能够适用遗嘱的时候也不多。

第三，允许"户绝"时适用遗嘱的法律规定仅见于唐、宋两朝，元、明、清三朝则取消了相应之规定。元代规定："随处有身丧户绝，别无应继之人（谓子侄弟兄之类），其田宅、浮财、人口、头匹拘没入官。"① 明代《户令》规定："凡户绝财产，果无同宗应继之人，所生亲女承受，无女者入官。"清之规定亦同。② 而有些学者却认为：清朝的"财产继承，以家长的遗嘱为准。无论家长的分配是否公允，子孙只能遵从，无权表示异议。只有家长生前或临终时没有表达分配家产的意向，才发生依法分割家产的问题"。③ 不知依据

---

① 《大元通制条格》卷3《户令》"户绝资产"条，法律出版社1999年版，第28—29页。
② 参见《大清律例》卷8《户律·户役》"卑幼私擅用财"条，法律出版社1999年版，第187页。
③ 张晋藩：《中国古代法律制度》，中国广播电视出版社1992年版，第846页。

何在。清代"户绝"时尚不许遗嘱处分财产,更何况是在有子嗣时?按前引清代的法律条文,家长若分财不均,是要处以杖刑的,家长何来随意分配共有财产的权利呢?

第四,本书讨论中所使用的法律文献仅限于唐、宋、元、明、清诸朝,唐以前的各朝,因律令佚亡,难以举证。那么,当时是否会有较为自由的遗嘱制度呢?按常理推断,如果当时法律中有遗嘱继承的专门条文,也至多与唐、宋时期相同,仅允许"户绝"时适用遗嘱,断不会有通常意义上的遗嘱继承制度。理由有二。

其一,民事法律在当时属初创阶段,粗陋原始。李悝制《法经》六篇,其中没有户婚篇;从出土的秦墓竹简看,秦朝也似乎没有专门的民事法律篇章;汉魏两晋南北朝虽都有户律,但内容多为户籍管理、赋役征收及婚丧嫁娶,涉及产权方面的条文非常有限。这说明当时的财产权法远不及后代周密,不可能有遗嘱自由这样较为成熟的民法制度。

其二,古代社会早期尤重孝亲,强调亲属共同共有财产,《仪礼·丧服》中各家"虽异居而同财,有余则归之宗,不足则资之宗"的记载,反映出当时共同共有关系的规模超过了后来以同居关系为基础的共有规模。汉代豪强大姓及后来门阀士族的兴起,也从一个侧面反映了家族共有制度的盛行。这种社会环境中,自然不可能出现破坏亲属共同共有关系的遗嘱继承制度。

正是因为没有典型意义上的遗嘱继承制度,故在中国古代,法定继承是唯一的继承形式。其继承顺序,各时期略有差别。秦汉时期的简牍中,有以下规定:

故律曰:死夫,以男为后,毋男以父母,毋父母以妻,毋妻以子女（女儿）为后。①

死事者，令子男袭其爵……毋子男以女，毋女以父，毋父以母，毋母以男同产，毋男同产以女同产，毋女同产以妻。②

以上二则都是关于继承的顺序，虽然主要指的是爵位继承或宗桃继承的顺序，但同时也很有可能是财产继承的顺序。《奏谳书》的时间为秦末或汉初，但说"故律曰"，意味着这是秦代甚至可能是更早的法律规定。继承顺序依次为子、父母、妻、子女（女儿）。《二年律令》为汉初的法律，所规定的身份及财产继承的顺序应为：子、女、父、母、兄弟、姐妹、妻。与《奏谳书》相比，最大的不同是女儿继承顺序的变化。

到了唐宋时期，按前引"应分田宅及财物者，兄弟均分"，③ 以及"诸身丧户绝……余财并与女，无女均入以次近亲"④ 的规定来看，继承顺序应为子、女、宗亲；至于明清时期，按前引所谓"不问妻、妾、婢生，只（止）依子数均分"，⑤ 以及"户绝财产，果无同宗应继之人，所生亲女承受，无女者，听地方官详明上司，酌拨充公"⑥ 的规定来看，其继承顺序应该是子、宗亲（嗣子）、女。

---

① 张家山二四七号汉墓竹简整理小组：《张家山汉墓竹简（二四七号墓）》，文物出版社 2001 年版，第 227 页。

② 张家山二四七号汉墓竹简整理小组：《张家山汉墓竹简（二四七号墓）》，文物出版社 2001 年版，第 183 页。

③ 《唐律疏议》卷 12《户婚》"同居卑幼私辄用财"条，中华书局 1983 年版，第 242 页；《宋刑统》卷 12《户婚》"卑幼私用财"门，法律出版社 1999 年版，第 221 页。

④ 《宋刑统》卷 12《户婚》"户绝资产"门引唐代《丧葬令》，法律出版社 1999 年版，第 222—223 页。

⑤ 《大清律例》卷 8《户律·户役》"卑幼私辄用财"条附例，法律出版社 1999 年版，第 187 页。

⑥ 《大清律例》卷 8《户律·户役》"卑幼私辄用财"条附例，法律出版社 1999 年版，第 187 页。

如前所述，在古代社会，单纯的继承行为较为少见，继承与析产行为一般混同发生，一般适用析产原则，故继承方面的专门条款，既不多见也不完备。

第三节　羽53《吴安君分家契》研究：兼论唐宋时期所谓"遗嘱"的性质

一　分家契概略

近年公布的编号为羽田亨053的敦煌文书，是唐天复八年（908年）吴安君的口述分家遗嘱，收藏者冠名为《吴安君分家契》。文书共四纸，46行，内容如下：

（01）天复八年戊辰岁十月十五日。叔吴安君、侄吴通子

（02）同为一户。自通子小失慈父，遂便安君收索通子母

（03）为妻，同为一活，共成家业。后亦有男一人、女二人。今

（04）安君昨得重疾，日日渐重。五十年作活，小收养侄

（05）男长大。安君自苦活，前公后母，恐耽不了，事名行

（06）闻，吾星诉（醒素）在日，分诉侄通子、男善集部分，各

（07）自识忍（认）分怀。故立违（遗）书然后：

（08）侄男通子东房一口，厨舍一口，是先阿耶（爷）分怀，一任通子

（09）收管为主。南边厅一口，西边大房一口，巷东壁上

（10）抚（庑）舍一半。院落、门道，合。砂底新开地四

亭，均分。

（11）新买地各拾亩。杜榆穀车脚一只，折旧破钏与小头钏

（12）一只。售（受）三斛破锅一口，售（受）七升镗子一口，小主鏊子一面，柜一口，

（13）大床一张，白绵绸衫一领，干盛大瓮两口。又售（受）五升镗

（14）子一口，在文铨边，任通子收管。售（受）六斛古破釜一口，通子

（15）二分，善集一分。镢一具，铎大小两孔，合。旧篗金一副，

（16）合。应有镰刃陇（笼）具，兄弟存心转具。若不勾当，

（17）各自手失脱后，便任当割却。又古锹忍（刃）一，小镬

（18）头子一，兄弟合。

（19）男善集檐下西房一口，南边东房一口，厨舍一口，巷东

（20）壁上抚（庑）舍一半，院落、门道，合。砂底新开生四亭，均分。

（21）新买地各拾亩。杜榆穀车脚一只，车盘一比。通子

（22）杚（打）车之日，兄弟合使，不许善集隔勒。若后杚（打）车盘日，

（23）仰善集贴通子。车盘木三分内，一分即任善集

（24）为主。售（受）贰斛铜锅一口，不忓通子之事。售（受）六斛破釜一口，

（25）善集一分，通子二分。镢一具。售（受）一斗五升破铛一口。铎

（26）大小两孔，合。旧糴金一副，合。应有镰刃陇（笼）具，兄

（27）弟存心转具。各自手失却后，便任当分割却。

（28）又古锹忍（刃）一，小镢头子一，兄弟合。

（29）叔安君北边堂一口，准合通子四分内有一分，缘通子小失慈父，

（30）阿叔待养，恩义进与阿叔。又西边小房一口，通子分内，

（31）恩义进与阿叔。新买地拾亩，银盏一只，与阿师。

（32）右件家咨（资）什物。缘叔君患疾缠眠，日日渐重，

（33）前世因果不备，前公后母，伏恐无常之后，男

（34）女诤论，闻吾在日，留念违（遗）嘱，一一分析为定。

（35）今对阿旧（舅）索仆仆、大阿耶（爷），一一向患人付嘱口辞，

（36）故立违（遗）嘱文书。后若兄弟分别，于此为定。

（37）后若不于此格，亦诤论，罚白银五，决仗（杖）十五下，并

（38）不在论官之限。恐后无凭，故立文书为验。

（39）慈父吴安君（押）（画指）指节年五十二

（40）大阿耶（爷）吴章仔（押）

（41）阿舅索仆仆（押）

（42）见人兼书守（手）兵马使阴安（押）

（43）侄男吴通子（押）

（44）男善集（押）

（45）侄清光

（46）侄男善通①

　　虽然敦煌文献中遗嘱、遗书一类的文书数量不少，但此件文书内容完整，颇能反映当时分家析产的状况，极具研究价值。日本学者山口正晃对《吴安君分家契》进行了释读、翻译，并对文书中的家产分配、人物关系等进行了考释。②

　　本章拟依据遗书内容并结合其他敦煌文书及传世文献，解读唐宋时期的分家析产行为，讨论父祖遗嘱的性质，借以说明析产与继承的不同。

二　分家契反映出的家庭构成及人物关系

　　从契约文书内容来看，这是一个较为特殊的家庭。吴通子自幼丧父，其母遂改嫁于吴通子叔父吴安君为妻，又生有一子（善集）二女。儒家伦理不允许娶亲属之妻，《唐律》也禁止娶亲属妻妾，若娶小功以上亲属妻，以亲属相奸论并强制离婚。③ 吴安君娶亲兄嫂，

---

　　① 分家契原件收录于（日本）武田科学振兴财团《敦煌秘笈影印册一》，大阪杏雨书屋 2009 年版，第 348—351 页。图版及释文参见 ［日］山口正晃《羽 53〈吴安君分家契〉——围绕家产继承的一个事例》，载中国政法大学法律古籍整理研究所编《中国古代法律文献研究》第 6 辑，社会科学文献出版社 2012 年版，第 252—257 页。本章所引羽 53《吴安君分家契》在对照图版的基础上多依据山口正晃先生释文，也参考了乜小红女士释文（乜小红：《秦汉至唐宋时期遗嘱制度的演变》，《历史研究》2012 年第 5 期）。

　　② ［日］山口正晃：《羽 53〈吴安君分家契〉——围绕家产继承的一个事例》，载中国政法大学法律古籍整理研究所编《中国古代法律文献研究》第 6 辑，社会科学文献出版社 2012 年版，第 252—257 页。

　　③ 《唐律疏议》卷 14《户婚》"尝为祖免妻而嫁娶"条，中华书局 1983 年版，第 264 页。

亲等为期亲，按律应以奸兄弟妻论，流两千里。① 因此，这是一个严重背离儒家伦理和法律规定的重组家庭。

在这个家庭中，通子与善集的关系是双重的，既是堂兄弟又是同母异父兄弟。通子和吴安君，原是叔侄，对于通子来说，叔父续娶母亲，虽然习惯上可称叔父为继父，但由于叔父与母亲的结合属于违法且应必须撤销的婚姻，这种（继）父（继）子关系，法律并不认可。事实上，就是在习俗层面，通子与吴安君的父子关系也没有被承认，故在文书中他们互称阿叔、侄男。

这个重组家庭，按照文书第 02、03 行的说法，是"同为一户""同为一活，共成家业"，也就是同居共财。从遗书内容来看，所分家产包括房屋、土地、生活用具等，土地包括两块，其中一块的面积达到 30 亩，不算是贫寒之家。从遗嘱文书记载来看，这个家庭在吴通子父亲在世时，已由阿耶（爷）主持进行过一次分家析产，但分到通子名下的似乎只有房舍。所以遗书中通子、善集分割的土地，不一定由祖辈传承而来，可能是吴安君这一代才购置而来，遗书中所分配的土地称为"新开地""新买地"，似乎可以为证。②

这或许与吴安君的身份有关。据山口正晃先生的考证，通子与善集的名字也出现在编号为 S6010、P3148（背）的敦煌写本中，其中吴善集的身份是归义军节度使下辖军将的"随身"。而且本件《吴安君分家契》文书最后有"兵马使阴安"的画押，吴安君或许与归

---

① 《唐律疏议》卷 26《杂律》"奸从祖母姑等"条，中华书局 1983 年版，第 494 页。
② ［日］山口正晃：《羽 53〈吴安君分家契〉：围绕家产继承的一个事例》，载中国政法大学法律古籍整理研究所编《中国古代法律文献研究》第 6 辑，社会科学文献出版社 2012 年版，第 252—257 页。

义军政权有一定的关系，其家族原来可能并非以农耕为业。[①]

但这个同居共财的家庭到底由哪些人组成呢？遗嘱中并没有完全表述清楚。可以肯定的是，这个家庭原来至少包括六口人：吴安君、吴索氏（先后成为吴安君兄弟妻子也即通子、善集的母亲，文书不载姓氏，从文书第41行"阿舅索仆仆"的书押中，断定其娘家姓氏为"索"，故暂称为吴索氏）夫妇，通子、善集二子，以及不列姓名的两个女儿。

在吴安君口述遗嘱时，家庭人口可能保持原状，也可能已经发生变化：通子、善集可能已经娶妻生子，女儿可能长大出嫁，吴索氏也可能已经过世。因此，在吴安君口述遗嘱时，除去吴安君、通子、善集三人，这个家庭是否还有其他人员，不易确定。此外，遗书中第31行出现的阿师，第8、35、40行出现的阿耶（爷）、大阿耶（爷），到底是什么人？阿耶（爷）、大阿耶（爷）是同一个人还是两个人？

笔者推测，吴安君口述遗嘱时，通子、善集应该已经成婚生子。如前述，善集的名字也出现在编号为S6010的敦煌写本中，身份是军将的"随身"，已是成年人。而此件文书的年代，据山口正晃先生的推测，约为公元900年，到吴安君口述遗嘱时，时间又过去了8年，善集应该已经娶妻生子；通子作为兄长，娶妻生子还应该在善集之前。吴安君兄弟的妻子也即通子、善集母亲的吴索氏，或许已经离世。

编号为S5647的敦煌写本载有两道遗书样式，分别作"父母遗书一道""慈父母某专甲遗书"，[②] 可知分产遗书一般都是由父母共

---

① ［日］山口正晃：《羽53〈吴安君分家契〉：围绕家产继承的一个事例》，载中国政法大学法律古籍整理研究所编《中国古代法律文献研究》第6辑，社会科学文献出版社2012年版，第252—257页。

② 唐耕耦、陆宏基：《敦煌社会经济文献真迹释录》第2辑，全国图书馆文献微缩复制中心1990年版，第162—164页。

同签署，她若在世，也应该在分家遗嘱上签字画押。当然，敦煌写本中，也有父母同在但只列父亲而不列母亲的遗书样式，如编号为 S6537 的《慈父遗书一道（样式）》，但遗书中专门要求诸子"听母言教"。① 吴索氏若存世，吴安君遗嘱中至少应该提到她。所以，我们倾向于吴索氏已经离世。

从遗书内容来看，阿师参与了分产，很可能是吴安君的女儿之一，身份当为在室女，另一个业已出嫁或不幸死亡。阿耶、大阿耶中的"耶"，今一般写作"爷"，阿耶、大阿耶也即阿爷、大阿爷。他们或许是两个人，山口正晃认为阿耶（爷）是通子的父亲，大阿耶（爷）则可能是吴安君的父亲；乜小红认为大阿耶（爷）可能是吴安君的兄长。②

这两种可能性都存在。但遗书中吴安君一般被称作"叔"（第1、29 行）或"阿叔"（第 30、31 行），相应地吴安君的兄长应被称作"伯"或"阿伯"一类，而不应称作大阿耶（爷）。故大阿耶（爷）是吴安君兄长的可能性不大。遗书第 2、29 行中通子的父亲都称"慈父"，阿耶（爷）似乎也不大可能是指通子的父亲。文书第 8 行中说通子名下的东房系先前"阿耶（爷）分怀"，说明这个家庭在通子父亲在世时就已经分过一次家。③ 而能够主持分家的阿耶（爷）应该是通子父亲、吴安君的父亲。故笔者倾向于阿耶（爷）就是吴安君的父亲，业已辞世，否则分家就轮不到吴安君来主持。大阿耶（爷）的身份较难确定，在分产遗嘱中，他的画押列于吴安

---

① 唐耕耦、陆宏基：《敦煌社会经济文献真迹释录》第 2 辑，全国图书馆文献微缩复制中心 1990 年版，第 182 页。

② 乜小红：《秦汉至唐宋时期遗嘱制度的演变》，《历史研究》2012 年第 5 期。

③ ［日］山口正晃：《羽 53〈吴安君分家契〉：围绕家产继承的一个事例》，载中国政法大学法律古籍整理研究所编《中国古代法律文献研究》第 6 辑，社会科学文献出版社 2012 年版，第 252—257 页。

君之后，显然不是吴安君之父；但他被称作大阿耶（爷），身份应该属于尊长之列，或许是吴安君之父的兄长也即吴安君的伯父。

三　家产分配

本件文书属于家长主持分析家庭共有财产也即析产的契约。析产俗称分家，收藏者将这份文书定名为《吴安君分家契》，并无不妥。但严格来说，"分家"与"析产"是两个不同的概念：析产只是分异财产而不别立户籍，相当于"同籍异财"；分家则是既分异财产又别立户籍，相当于"别籍异财"。考虑到分异财产者并不一定别立户籍，若将文书定名为《吴安君析产契》，可能更为合适。

析产是指家庭（族）共有关系终止时其共有人对家庭共有财产的分割。析产的参与者必须是共同财产的共有主体。所谓共有主体，是指对家庭共同财产具备所有权的成员。传统伦理将财产视为维系宗法家族团体存在的经济基础，而家族是以父系来划分的，只有男性成员才有资格成为共有主体。①

析产的原则是均分。唐、宋《户令》皆规定："应分田宅及财物者，兄弟均分。"② 所以，家产主要在通子、善集兄弟二人之间进行分配。家产的分割非常细致，从土地、房舍到农具、生活用具，都是本着均分的原则，平均分配给兄弟二人。有些难以或不能平分的器具，如遗书第21行的"杜榆毂车脚、车盘"、第24行的"破釜"、第26行的"旧箍金、镰刃陇（笼）具"、第28行的"古锹忍（刃）、小镢头子"等，则兄弟共有。

---

① 魏道明：《略论唐宋明清的析产制度》，《青海社会科学》1997年第3期。
② 参见《唐律疏议》卷12《户婚》"同居卑幼私辄用财"条，中华书局1983年版，第242页；《宋刑统》卷12《户婚》"卑幼私用财"门，法律出版社1999年版，第221页。

从其他敦煌写本来看，均分原则得到很好的贯彻。有些分书样文还加以特别注明均平原则，如 S4374 号《分书（样式）》："右件家产，并以平量，更无偏当丝发差殊。"① 又俄藏编号 Дх.11038《遗书样文》："谨立遗书一道……所有沿活家资产业，均平分张支割，各注脚下，具烈（列）如后。"②

中国古代的家庭或家族财产共有关系，虽称"同居共有"，但实际上是父宗血缘团体共有制，同姓共有、禁止财产外流是其主要特征。妻来自外姓，女儿虽属同姓，但终究是要嫁于外姓为妇的，若承认她们是共有主体，夫妻离婚、女儿外嫁，都会产生分割共有财产的问题，财产外流便无法遏制。所以，共有关系不由婚姻产生，也不因离婚而终止，离异时妻也不能分割夫家财产。③

在敦煌写本中，有不少反映夫妻"和离"的离婚协议书样文，称为"放妻书"或"放弃书"，文书中并无分割财产的清单。当然，离婚时，多少都会产生财产分割的情形，如 S5637 号《放妻书（样式）》中说"所要活业，任意分将"④。所分的可能仅仅是一些随身财物与生活物品，编号 P3744 的《某乡百姓某专用放妻书一道》："三年衣粮，便□柔仪"，⑤ 俄藏编号 Дх.11038《放妻书（样式）》"惣不耳三年衣粮"⑥。

---

① 唐耕耦、陆宏基：《敦煌社会经济文献真迹释录》第 2 辑，全国图书馆文献微缩复制中心 1990 年版，第 186 页。

② 《俄藏敦煌文献》第 15 册，上海古籍出版社 2001 年版，第 145 页。

③ 魏道明：《中国古代遗嘱继承制度质疑》，《历史研究》2000 年第 6 期。

④ 唐耕耦、陆宏基：《敦煌社会经济文献真迹释录》第 2 辑，全国图书馆文献微缩复制中心 1990 年版，第 178 页。

⑤ 唐耕耦、陆宏基：《敦煌社会经济文献真迹释录》第 2 辑，全国图书馆文献微缩复制中心 1990 年版，第 197 页。

⑥ 《俄藏敦煌文献》第 15 册，上海古籍出版社 2001 年版，第 146 页。

同样，家中的女性后裔也无权与兄弟一同参与家产的分析。① 但《吴安君分家契》中，被认为是吴安君女儿的阿师却参与了家产的分配。这应该与其身份有关。

从文书来看，吴安君有两个亲生女儿，但只有阿师一人参与了析产，她可能是未出嫁的在室女或出嫁后又回归娘家的归宗女。在室女与归宗女的生活费用，父母在世时，一般是有保障的。但父母双亡后，如果发生分家析产的行为，所有家产，皆按照诸子均分的原则被分割完毕，在室女的生活费用难有着落。故法律专门规定，父母双亡后的析产，要为在室女及归宗女保留一定的财产份额，作为生活费用，数量为男子的一半。如唐代法律规定，析产时"其应得分房无男，有女在室者，准当房分得数与半；虽有男，其姑、姊、妹在室者，亦三分减男之二"。② 南宋法律也规定："父母已亡，儿、女分产，女合得男之半。"③ 可见，父母双亡后的析产，在室女与归宗女可以获得男子份额一半的财产。

在《吴安君分家契》中，阿师分得"新买地拾亩，银盏一只"（第 31 行）。那么，她分到的财产是否正好相当于通子或善集的一半呢？从分家契来看，这个家庭分割的土地主要有两部分，分别称为"新开地""新买地"。其中，"新买地"由通子、善集和阿师均分，每人 10 亩；"新开地"则由通子和善集均分。如果"新开地"的面积不超过"新买地"的话，我们或许可以认为给阿师分产，大体上就是按照女得男之半的标准来进行的。

---

① 魏道明：《中国古代遗嘱继承制度质疑》，《历史研究》2000 年第 6 期。

② 《唐六典》卷 3 《户部》"户部郎中员外郎"条，中华书局 1992 年版，第 79 页。

③ 《名公书判清明集》卷 8 《户婚门·分析》"女婿不应中分妻家财产"条，中华书局 1987 年版，第 277 页。

中国古代的法律一般禁止子孙擅自与父母别籍异财，至少从魏晋以来，法律严禁子孙擅自与父母别籍异财，据《晋书·刑法志》引《魏律序略》，曹魏定律曾"改汉旧律……除异子之科"，已不许父母在世而子孙擅自别籍异财。从《唐律疏议》到《大清律例》，父母在而子孙擅自别籍异财，都被列入不孝罪。但汉代似乎并非一定如此。《二年律令·户律》："民大父母、父母、子、孙、同产、同产子，欲相分予奴婢，马牛羊，它财物者，皆许之，辄为定籍。"① 没有强调分家是父祖的特权，同居成员似乎都有权提出分家析产。但一般而言，分家都是父祖之命。故分家析产多发生在父母死亡之后。但法律也允许父母生前即为子孙析产，故析产也可能发生在父母在世之时。

析产，可能一次完成也可能多次进行，邢铁先生分别称为"一次性继承方式"和"多次性析分方式"。② 大体来说，父母双亡后的析产，家产一般一次性分割完毕。父母在世时的析产，也可能一次性分割完毕，父母的生活费用由儿子负责。但更多的时候，析产是多次进行的，父母只将部分家产分与子孙，自留一部分作为养老费用，自留部分待父母死亡后再进行分割。

在唐宋时期，多次析产极为常见。据学者考察，仅在《名公书判清明集》中，多次析产的事例就有十余例。③ 如寡妇阿宋先将物业均分三子，自留"门前池、东丘谷园，又池一口"以为养老之资，死后再由三子均分。④ 多次析产中，父母事实上也参与了家产分析。

---

① 张家山二四七号汉墓竹简整理小组：《张家山汉墓竹简（二四七号墓）》，文物出版社2001年版，第146页。
② 邢铁：《家产继承史论》，云南大学出版社2000年版，第12—27页。
③ 邢铁：《家产继承史论》，云南大学出版社2000年版，第16页。
④ 《名公书判清明集》卷9《户婚门·违法交易》"鼓诱寡妇盗卖夫家业"条，中华书局1987年版，第305页。

故《吴安君分家契》中，吴安君既是立遗嘱人，又是财产分配的参与人。

那么，父母在析产时，应得多少份额呢？法律虽然规定析产要平均分配，但这只要求家长对后辈应一视同仁，公平分配，不存亲疏之心，厚此薄彼。至于析产时家长应占多少份额、是否与子孙平均分析家产，法律没有限定，允许自行其是。从法理的角度来理解，父母在析产时无论多占、少占，还是与诸子平分，都应是合理合法的。子孙对此也一般不会有异议，因为父母死亡后，这些家产还是由他们来分析。

从文书来看，吴安君分到的财产非常有限，没有土地、生活用具等，只有第29、30行中的"北边堂一口""西边小房一口"。笔者认为，这不一定是吴安君分到的全部家产。从情理上说，吴安君所分，可以看作养老费用，只保留居住的房舍，文书中也没有约定通子、善集兄弟的养老义务，显然不足以解决养老的所有问题，起码还应该有养老的田地。但为何文书所附分产清单只有房屋而不见其他呢？

析产文书所附的财产清单，不是家产清单，而是分产清单，作用在于防止争端。分产时虽本着平均分配的原则，但房屋有朝向，土地有肥瘠，很难均平。由此引发的争端不在少数。故父祖尊长大多都用遗书的形式预为定分，并附分配清单，作为凭据，以防争端。

本件《吴安君分家契》也是如此，在罗列兄弟二人各自所得财产清单后，强调"后若兄弟分别，于此为定。后若不于此格，亦诤（争）论，罚白银五，决仗（杖）十五下"。而父母所留部分，没有必要列入财产清单。我们注意到，文书中之所以列出吴安君所分"北边堂一口""西边小房一口"，是因为这两处房屋与通子先前分产所得有关，产权有模糊不清之嫌，恐怕引起误会，故专门说明。

而吴安君所分没有争议的财产部分，相信没有列入分产清单之中。

四 分家契的性质

敦煌写本中，类似《吴安君分家契》这样附有财产分割清单的遗嘱或遗书并不少见，此外还有为数众多的遗嘱样文或样式。那么，这些遗嘱或遗书，究竟是分割家庭共有财产的析产文书还是处分个人财产的继承文书呢？

之所以提出这样的问题，是因为析产与继承是两种性质不同的行为。继承是指承接他人财产方面的权利义务，是所有权的转移过程；而析产是指共有人在共有关系终止时对共同财产的分割，只是所有权权能的转移。继承是承袭他人具有所有权的财产，继承人本无受继财产的所有权，通过继承才获得，实现的是所有权主体的变更。而析产所分割的是自己已具有所有权的共有财产，所有权的主体并没有变更。

由于古代的家庭共有是一种家长支配下的共有体制，共有财产的占有、使用、收益与处分等权能，统一由家长行使，卑幼虽是共有人，但平日并不行使所有权权能，对于他们来说，所有权与所有权权能是相互脱节的。析产时共有人等份划分共有财产、自己行使所有权权能，等于将以前寄存在家长手中的所有权权能收回并由自己来行使。此外，析产与继承得以发生的前提条件也不同，前者基于共有关系的终止，后者以财产所有人的死亡为前提。

中国古代社会的家产传承，究竟属于析产还是继承？这是一个较为复杂的问题。如家长生前决定结束同居共财关系而责令子辈分产组成"同籍异财"的特殊家庭，这属于单纯的析产行为，与继承无关。因为所分割的财产并非个人私产，而是家庭共有财产，分割家产的起因是共有关系的终止而非财产所有人的死亡。这种业已形成"同籍异财"的家庭中，日后若父母死亡，诸子进一步分割父母财产的行为，则属于单纯的继承。因为，这里出现了财产所有人死亡的事实，且父子之间已经结束了原有的共财关系，诸子分割的是其父的个人财产。

但若尊长在世时并没有分家析产，而与子辈始终保持着同居共财关系，诸子在父母死后分割财产的行为，其性质就比较复杂，既不是单纯的继承，也不是单纯的析产，而是两种行为的混合。因为，分产是基于财产权利人死亡和共有关系终止的双重原因，待分割的财产，既有基于共财事实上的共有财产，又有基于财产权利人死亡事实上的遗产。①

在中国古代，家产传承以父母死亡后诸子分割财产的形式最为常见，单纯用继承或析产的概念很难概括这一复杂的行为。有学者认为，鉴于继承这一用语属于外来语汇，与传统社会的分家制度有别，中国古代的家产传承应称作"分家析产"而非"遗产继承"。②这固然是一种区别之法。

这一区分方法，在凸显中国古代社会与近现代社会家产传承方面差别的同时，不经意间却淡化甚至是割裂了两者之间的有机联系。其实，中国古代的家产传承行为虽较为复杂，但其中包含有遗产继承的成分。与其用不同概念将二者对立起来，不如求同存异。故笔者将中国古代的家产传承行为分为析产和继承两个部分。

---

① 魏道明：《略论唐宋明清的析产制度》，《青海社会科学》1997 年第 3 期。

② 俞江：《继承领域内冲突格局的形成——近代中国的分家习惯与继承法移植》，《中国社会科学》2005 年第 5 期；卢静仪：《"分家析产"或"遗产继承"：以大理院民事判决为中心的考察（1912—1928）》，载《私法》第 8 辑第 2 卷，华中科技大学出版社 2010 年版。

值得注意的是，在《吴安君分家契》中，吴安君既是立遗嘱人，又是财产分配的参与人。那么，吴安君遗嘱处分的财产，自然不能看作他个人的私产而是家庭共有财产。文书虽然以遗嘱的形式出现，但与将个人财产转移于他人的遗嘱有本质的区别，只是分割家庭共有财产的析产文书。唐宋间所谓的"遗嘱"，其性质多半与《吴安君分家契》类似。

当然，中国古代法律在特定条件下，允许用遗嘱转移个人财产，实现所有权主体的变换。换言之，中国古代也有类似转移个人财产于他人的遗嘱。如《宋刑统》引唐代《丧葬令》：

> 诸身丧户绝者，所有部曲、客女、奴婢、宅店、资财，令近亲转易贷卖，将营葬事及量营功德之外，余财并与女。无女均入以次近亲。无亲戚者官为检校。若亡人在日，自有遗嘱处分，证验分明者，不用此令。①

又《清明集·户婚门》"继母将养老田遗嘱于亲生女"条引宋代《户令》：

> 诸财产无承分人，愿遗嘱与内外缌麻以上亲者，听自陈。②

此二令证明唐、宋二朝允许"身丧户绝"或"财产无承分人"者用遗嘱处分财产。"户绝"即无子，也即无财产承分人。无子时可

---

① 《宋刑统》卷12《户婚》"户绝资产"门，法律出版社1999年版，第222—223页。
② 《名公书判清明集》卷5《户婚门·争业下》"继母将养老田遗嘱与亲生女"条，中华书局1987年版，第141—142页。

适用遗嘱，与古代社会家庭财产关系的特性有关。传统家庭财产关系的模式虽为同居共财，但并非所有同居成员都是家庭财产的共有主体，只有男性成员才是共有主体，女性被排除在所有权主体之外，实际上是男性成员共有制。户绝时因缺乏共有主体，共有财产事实上变成个人私产，不可能发生共有人分割共同财产的析产行为，家产传承只能以继承的方式来完成。所以法律允许"身丧户绝"者用遗嘱处分个人财产。

允许户绝时用遗嘱处分财产，并不代表中国古代存在一般意义上的遗嘱继承制度。所谓遗嘱继承制度是指由被继承人生前所立遗嘱来指定继承人及继承的遗产种类、数额的继承方式。遗嘱继承不受法定继承的限制，效力高于法定继承。无论有无法定继承人，财产所有人均有权用遗嘱处置部分或全部财产，无遗嘱或遗嘱无效时方可适用法定继承。而中国古代法律只允许在"户绝""无财产承分人"时使用遗嘱权，如有男性后裔，就不具备遗嘱处分权。因此，笔者曾撰文认为，中国古代不存在一般意义上遗嘱继承制度。①

但拙文发表后，姜密撰文认为中国古代的法律中并没有在非"户绝"条件下不能实行遗嘱继承的明确规定，笔者所谓"无财产承分人时方可适用遗嘱继承"的论断没有法律依据。并举出七种实例，认为中国古代"在有承分人即非'户绝'条件下实行遗嘱继承，是为社会习俗认可并受法律一定保护的社会现实"。②

笔者不知道姜密女士需要什么样的"法律依据"，如果是指类似"非'户绝'时不能实行遗嘱继承"之类的禁止性命令的话，笔者的确无法满足其要求。因为，遗嘱继承不过是遗嘱权的体现，有遗

①　魏道明：《中国古代遗嘱继承制度质疑》，《历史研究》2000 年第 6 期。
②　姜密：《中国古代非"户绝"条件下的遗嘱继承制度》，《历史研究》2002 年第 2 期。

嘱权才可能出现遗嘱继承制度。而遗嘱权与其他权利一样，在法律规范中是以许可和保障的形式而不是以禁止和约束的形式出现。

权利必须是授予才拥有，而不是禁止就可拥有，判断其有无的标准在于法律是否授予而不在于法律是否禁止。比如我国宪法规定："中华人民共和国年满十八周岁的公民……都有选举权和被选举权。"我们据此就可以作出未满十八周岁的公民不具有选举权和被选举权的结论，尽管宪法中并没有明确禁止未满十八周岁的公民拥有选举权与被选举权的条文。同理，古代法律既然规定行使遗嘱权的前提是"户绝"，那么据此得出非"户绝"条件下不能适用遗嘱继承的结论，当然不是空口无凭，而是有充分法律依据的。

至于姜文所举的七种非"户绝"条件下遗嘱继承行为实例及遗书样文，不是真实性存在问题，就是合法性令人生疑。

具体来说，姜文所举的实例中，有些虽是非"户绝"条件下的遗嘱继承行为，但合法性值得推敲。如第五、六两种。这两个案例都取材于《名公书判清明集》：

> 牛大同乃钱居茂之婿，钱孝良乃钱居洪之子，居茂、居洪嘉定六年置立分书，异居析产，已三十年。淳祐二年，大同葬其母于居茂祥禽乡之山，孝良乃称大同伪作居茂遗嘱，强占山地，有词于县……居茂既以遗嘱与之……况将遗嘱辨验，委是居茂生前拨，与女舍娘充嫁资，其辞鄙俚恳切，虽未为当理，却是居茂亲笔书押……真正自无可疑……令牛大同凭遗嘱管业，庶几是非别白，予夺分明。①

---

① 《名公书判清明集》卷6《户婚门·争山》"争山"条，中华书局1987年版，第197—198页。

郑应辰无嗣，亲生二女，曰孝纯、孝德，过房一子曰孝先……应辰存日，二女各遗嘱田一百三十亩，库一座与之……所拨不过二百六十，遗嘱之是非何必辨也……照元（原）遗嘱各拨田一百三十亩，日下管业。①

从表面上看，法司皆判定遗嘱有效，似乎父祖在非"户绝"时也享有遗嘱权。其实不然。法司的判词中或称"（遗嘱）未为当理"，或称"遗嘱之是非何必辩也"，说明遗嘱并非合法，只是情况特殊，虽不合法但合情理，故而法外矜情，判定遗嘱有效。严格地说，这两例并不能证明非"户绝"条件下的遗嘱继承行为是合法行为。

有些实例根本就不是非"户绝"条件下的遗嘱继承行为。如第四、七两种。这两个案例皆来源于《名公书判清明集》，先来看姜文所举第四例：

王有成之父王万孙昨因不能孝养父母，遂致其父母老病无归，依栖女婿。养生送死，皆赖其力。纵使当时果有随身囊箧，其家果有田宅，尽以归之于女婿……况此项职田，系是官物，其父之遗嘱，其母之状词，与官司之公据，及累政太守之判凭，皆令李茂先承佃……李茂先之家衣食之奉，殡葬之费，咸仰给焉，以此偿之……王有成父子不知负罪愆，尚敢怨天尤人，紊烦官司……王有成决竹篦二十。②

---

① 《名公书判清明集》卷8《户婚门·遗嘱》"女合承分"条，中华书局1987年版，第290—291页。

② 《名公书判清明集》卷4《户婚门·争业上》"子不能孝养父母而依栖婿家则财产当归之婿"条，中华书局1987年版，第126—127页。

此例中，因子不孝，被迫投靠女婿，"养生送死，皆赖其力"，故将官府职田的承佃权遗留与女婿。这实际上是中国民间固有的有偿养老协议，也即遗赠扶养协议，并不是遗嘱继承行为。此例的标题为"子不能养父母而依栖婿家则财产当归于婿"，判词中也有"纵使当时果有随身囊箧，其家果有田宅，尽以归之于女婿"及"衣食之奉，殡葬之费，咸仰给焉，以此偿之"等语，即是明证。

第七例的判词中有遗嘱"曾经官投印，可谓合法"的言语，姜文认为这"说明非户绝条件下的遗嘱自由受到法律的保护"。其实，此例也不是非"户绝"条件下的遗嘱继承行为。为更能说明问题，先将案例摘引如下：

> 徐二初娶阿蔡为妻，亲生一女六五娘。再娶阿冯，无子。阿冯有带来前夫陈十三之子，名陈百四。徐二宜立嗣而不立嗣者，盖阿冯母子专其家，不容立也。徐二虑之熟矣，恐身死之后，家业为异姓所攘，乃于淳祐二年手写遗嘱，将屋宇、园池给予亲妹及女，且约将来供应阿冯及了办后事……在法：诸财产无承分人，愿遗嘱与缌麻以上亲者，听自陈，官给公凭……今徐二之业已遗嘱与妹百二娘及女六五娘，曾经官投印，可谓合法。①

由引文可知，徐二两婚皆无子，阿冯带来的前夫子陈百四，为异姓男，并不能作为养子。因为宋代法律明确禁止以异姓男为养子，《宋刑统》规定："养异姓男，徒一年"，只有在"其小儿三岁以下，

---

① 《名公书判清明集》卷9《户婚门·违法交易》"鼓诱寡妇盗卖夫家业"条，中华书局1987年版，第304—305页。

本生父母遗弃，若不听收养，即性命将绝，故虽异姓，仍听收养，即从其姓"。① 徐二又未曾立嗣，是典型的"户绝"。徐二当然拥有遗嘱权，故判词中称遗嘱"可谓合法"。不知何故，姜文把此例当作非"户绝"条件下的遗嘱继承事例。

从姜文论述中揣测，原因似乎是认为妻也是财产承分人，有承分人，当然就算不上是"户绝"。其实，财产承分人从来都是子孙的专称，本案中法司认为徐二符合无财产承分人可适用遗嘱这一规定的理由就是徐二无子嗣。妻在古代社会，从来不是丈夫财产的直接承分人。姜文引《宋刑统》卷12《户婚》"卑幼私用财"条中"寡妻妾无男者，承夫分"等规定，认为"此案中妻阿冯有权得到徐二遗产的大部分"。

此纯系误解。律文的原意是指寡妻妾之亡夫生前与兄弟同居共财，在其死后兄弟若分家析产，无子之寡妻妾可代夫承分；有子，则由子代父承分，所以律文中专门强调："有男者，不别得分。"

姜文所举非"户绝"条件下的遗嘱继承行为中第一、二、三例，分别为石苞、刘弘基、姚崇为诸子分产的行为，出自《晋书》《旧唐书》等史籍：

　　（石）崇，字季伦，生于青州，故小名齐奴。少敏惠，勇而有谋，（石）苞临终，分财物与诸子，独不及崇。其母以为言，苞曰："此儿虽小，后自能得。"②

　　（刘）弘基遗令给诸子奴婢各十五人，良田五顷，谓所亲曰："若贤，故不及多财；不贤，守此可以免饥冻。"余财悉以

---

① 《宋刑统》卷12《户婚》"养子"门，法律出版社1999年版，第217—218页。
② 《晋书》卷33《石苞传附子崇传》，中华书局1974年版，第1004页。

散施。①

（姚）崇先分其田园，令诸子侄各守其分，仍为遗令以戒子孙，其略曰："比见诸达官身亡以后，子孙既失覆荫，多至贫寒，斗尺之间，参商是竞。岂为自耻，仍更辱先，无论曲直，具受嗤毁。庄田水碾，既众有之，递相推倚，或至荒废。陆贾、石苞，皆古之贤达也，所以预为定分，将以绝其后争，吾静思之，深所叹服。"②

其中，姚崇分产给子侄的案例，在姜密女士看来，姚崇除承分人外，将部分财物嘱与非承分人的侄子，"在遗嘱中指定继承人包括诸侄儿，超出法定继承人的范围"。所以也将之作为非"户绝"条件下的遗嘱继承的事例。其实，姚崇同时给子、侄分产，应该是姚崇兄弟一辈没有分家，属于三代大家庭分家，侄子本来就是承分人。此例与遗嘱继承没有什么关联。至于所举石崇、刘弘基之例以及敦煌文书中的尊长针对诸子的"遗书样文（式）"，从性质上说，应属于析产事例或析产文书而不是继承事例或继承文书。

退而言之，就算是把石崇、刘弘基根据己愿分配家产的行为看作是遗嘱继承行为，那也是他们违规行事，并不能作为存在遗嘱继承制度的证据。正如前文所述，探讨中国古代的遗嘱继承问题，首先应将其视为一项法律制度，必须以法律条文为依据，实例只能作为旁证材料。而不能本末倒置，以个例推测制度，因为法律规定与社会生活中的实例难免有出入，有实例并不代表有制度。

其实，对姜文所举的七种非"户绝"条件下遗嘱继承行为实例

---

① 《旧唐书》卷58《刘弘基传》，中华书局1975年版，第2311页。
② 《旧唐书》卷96《姚崇传》，中华书局1975年版，第3026页。

及遗书样文，俞江先生也就其真实性和合法性，逐项进行了详细和可信的驳正。为节省篇幅，本书不再赘述，感兴趣的读者，可自行参看。①

　　邜小红也依据某些实例，认为中国古代允许非户绝时遗嘱处分财产，并进一步认为，唐宋时期，遗嘱制度进入一个新的发展阶段，国家开始对遗嘱征税，表明遗嘱已成为民间家产继承的主要手段和依据，并为国家律令所认可。②

　　邜女士的论证，或有欠妥之处。她在引用了唐宋令文中允许遗嘱的条文后，认为"此令的基本原则是：身丧者的财产听由遗嘱处分"。这里，她的解释有意无意省略了"户绝"二字，令文的意思由原来仅仅允许户绝身丧者适用遗嘱被曲解为所有身丧者都可以适用。类似的省略，也见于邜小红女士对宋代遗嘱制度的描述："宋朝承袭唐遗言法精神，并有所发展。天圣年间，仁宗曾两次诏令：'若亡人遗嘱证验分明，依遗嘱施行，从之。'到了嘉祐年间，并将此制明确为'遗嘱法'。这就使得民间用遗嘱处理家产更加有法可依。"③

　　细查天圣年间仁宗诏令，都是准行《户绝条贯》，也就是说所谓"若亡人遗嘱证验分明，依遗嘱施行，从之"的前提是"户绝"之家，④ 而非一般人家。

　　她证明官府允许非"户绝"条件下遗嘱继承行为的实例，一为王万孙诉父不该将承佃权遗嘱给女婿，⑤ 二为养子秀郎诉养父遗嘱与

---

① 俞江：《家产制视野下的遗嘱》，《法学》2010 年第 7 期。

② 邜小红：《秦汉至唐宋时期遗嘱制度的演变》，《历史研究》2012 年第 5 期。

③ 邜小红：《秦汉至唐宋时期遗嘱制度的演变》，《历史研究》2012 年第 5 期。

④ 《宋会要辑稿·食货》61 之 58，《民产杂录》"仁宗天圣四年七月"条，中华书局 1957 年影印本，第 5902 页。

⑤ 《名公书判清明集》卷 4《户婚门·争业上》"子不能养父母而依栖婿家则财产当归于婿"条，中华书局 1987 年版，第 126—127 页。

亲生女财产非法。^① 这两个案例中，审判者虽然都下令按原遗嘱执行，但通篇判词中不见遗嘱合法或肯定遗嘱效力之词，只是以情理论说：或是斥责王万孙不孝，致使父母长期依靠女婿，女婿理应获得土地的承佃权；或是指责秀郎作为养子，贪婪不足，认为亲生女理应沾润父业。

与以上二例类似的是前举之郑应辰案。郑应辰家有田 3000 亩、库 10 座，只有亲生二女（孝纯、孝德），故抱养孝先为嗣子。郑应辰死时遗嘱二女田各 130 亩、库 1 座。不料孝先以养父遗嘱不合法为由，告到官府。

最初审理此案的县丞认定遗嘱非法，判由孝先承袭全部家业。后来范应铃（西堂）接手此案，认为孝先"身为养子，承受田亩三千，而所拨不过二百六十，遗嘱之是非何必辩也"。^② 于是，法外开恩，判定按原遗嘱执行。范西堂的做法或许代表了当时官府的一般情形，在特殊情况下，明知遗嘱无法律依据，但依情理判原遗嘱有效。王万孙案、秀郎案也大略如此。所以，这些例证并不能证明法律准许非"户绝"条件下适用遗嘱。

至于用国家对遗嘱征税来作为遗嘱合法化、普遍化的依据，可能也有问题。本来法律就认可户绝者遗嘱处分财产的权利，自然用不着再用征税来肯定其合法性。在不扩大遗嘱的适用范围的前提下，对遗嘱收税，是对遗嘱的限制而非肯定，很难起到促使遗嘱普遍化的作用。

---

① 《名公书判清明集》卷 7《户婚门·女受分》"遗嘱与亲生女"条，中华书局1987 年版，第 237—238 页。

② 《名公书判清明集》卷 8《户婚门·遗嘱》"女合承分"条，中华书局 1987 年版，第 291 页。

在笔者看来，在中国古代，由于实行家庭财产共有，所以不可能允许家长用遗嘱自由处分财产。有趣的是，姜密、乜小红一方面强调家长有权在各种情形下包括非"户绝"时用遗嘱自由处分财产，另一方面也认为中国古代无论是法律还是习俗强调的都是家庭财产共有，而非个人所有。都认为是家产共有，却得出了完全相反的结论。

姜密、乜小红的论述中似乎有悖论的成分：准许遗嘱自由处分财产的前提是个人所有权（中国古代法律允许"户绝"时适用遗嘱，是因为"户绝"时因缺乏共有主体，共有财产事实上变成了个人私产），家庭共有的财产个人又如何自由处分呢？个人能够自由处分的财产还能称作家庭共有财产吗？

对此，她们给出的解释是，家庭共财制度赋予父祖尊长支配财产的特权，故父祖拥有一定的遗嘱自由。果真如此吗？

说父祖尊长对共有财产拥有特权，这是事实。父祖拥有使用、管理、调度共有财产及决定同居共财或同居异财等诸项财产特权。而作为共有人的男性后辈，即便其收入是家庭财产的主要来源，也几乎没有任何财产权，如果说有，那也只是以使用表现出来的对生活必需品的占有，且消费水准也是由家长来决定的。那么，为什么我们还把这种由家长垄断财产权的体制称为家庭共有呢？原因就在于卑幼对家产拥有的绝对承袭权，它包括析（分）产和继承两种不同的权利，这是唯一能够体现男性后辈共有人身份的方面。

古代法令将家庭中的男性卑幼称作"财产承分人"，就是从后辈具有继承和分（析）产这两种绝对的权利而言的。对卑幼家产绝对承袭权的保障必须通过对父祖设定不能自由处分财产的义务来实现，所以，父祖尊长所缺乏的恰恰是遗嘱处分财产的权利。

从法律的规定来看，古代律令不仅从来没有授予过尊长在非"户绝"条件下自由处分财产的权利，相反是约定有必须平均分配财产的义务，为遗嘱自由设置了难以逾越的障碍。现存的古代律典，从《唐律疏议》一直到《大清律例》，都规定卑幼有平均分析和继承家产的权利，家长分析家庭财产，无论是生前主持分割，还是以遗令（嘱）的形式预为定分，都必须恪守平均分配的准则，不能按照己愿随意分配。家长若分财不均，或以坐赃论，或处以笞刑。

笔者以为，唐宋间的所谓遗嘱及敦煌资料中的"遗书样文（式）"，与其说是遗嘱继承文书，还不如说是遗命析产的文书。首先，立遗书的主要目的是析产而不是为了继承。如果诸子在尊长死后能恪守孝悌伦理，继续保持同居共财关系而不分家，尊长就没有必要为诸子分产，也就不会有什么遗书；只有当诸子表达了要结束共有关系而进行析产的意愿时，遗书才有出现的可能性。可见，遗书以析产行为的发生为前提条件。

其次，遗书所处分的财产，基本上是家庭共有财产而非立遗书人的个人财产。一般地说，当尊长用遗书为子辈分析财产时，家中至少有两子，否则就没有分产的必要。而古代共有关系下，尊长与男性后辈都是共有人，故遗书所处分的财产中共有财产的比例肯定大于尊长的个人财产。以两子之家为例，若家产共值银 300 两，由于诸子和父亲都是共有主体，按等份拥有的原则，每人平均 100 两。故父之遗书中处置的财产虽有 300 两，但只有 100 两是属于自己的，算是遗产。其余 200 两是子辈在共有关系下已经拥有所有权的财产，不属于遗产的范围。两子分割这 300 两银子，每人合得 150 两，其中 100 两是析产所得，50 两才是继承所得。家庭中男性后辈越多，遗书所处分的财产中共有财产的比例也就越高。

在古代社会，尊长在世就命令诸子析产的行为虽为法律许可，但有悖于孝悌伦理，除非家庭中的财产纠纷非常严重，家长生前一般不会出此下策。所以，卑幼以单纯的析产或单纯的继承方式来承袭家产的时候并不多，析产与继承合并进行才是他们承袭家产的主要方式。当然，尊长死亡后，子辈也可以保持原有的共财关系而不进行分产，然而这需要高度的道德教化和殷实的经济实力，普通人家很难同时做到，[①] 一般都会发生析产行为。因为析产现象的普遍，析产遗书才会以样文的形式流传于世。所以，我们不能一见"遗书""遗令""遗命"或"遗嘱"的字样，就认为这是处分个人财产的继承文件。

当然，虽然遗书的性质是析产文书，但析产中含有继承的内容。只要尊长有权在遗书中根据己愿随心分配家产，那么，姜密、乜小红所持非"户绝"时适用遗嘱继承的观点，还是有一定道理的。但如前所述，家产的分配形式，法律中已经有了诸子均分或兄弟均分的明确规定，家长无权随意分割财产。因此，所谓中国古代允许非"户绝"时适用遗嘱继承的观点，无论从法理还是具体法律规定来看，都是站不住脚的。

其实，析产本就是男性后辈的绝对权利，析分方法也律有明文，原本不需要尊长立遗书（嘱）。父祖之所以用遗嘱的形式为后辈析产，并不是要按照己愿随意分配家产，而是为了更好地贯彻法律平均分析的原则。如姜密所言："土地的肥瘠、房屋的朝向、牲畜的老幼、家什的新旧等区分，在析产中根本无法'均平'。"[②] 故父祖尊

---

① 瞿同祖：《中国法律与中国社会》，中华书局1981年版，第5页。
② 姜密：《中国古代非"户绝"条件下的遗嘱继承制度》，《历史研究》2002年第2期。

长大多用遗书的形式预为定分，以防争端。

敦煌文书的析产样文中都把因争财而伤骨肉之亲的行为看成是大逆不道，如 S6537 号（背）样文（二）：

吾若死后，不许相诤。如若不听母言教，愿三十三天贤圣不与善道，眷属不合，当恶坏憎，百却（劫）他生，莫见佛面，长在地狱，兼受畜生。若不听知，于此为报。千万重情，莫失恩颜，死将足矣。①

尊长对后辈争财行为的痛恨、焦虑跃然纸上。既然立遗书的目的是防止争执，家长当然不会采取随意分配这种极易引起争端的方法来分割家产，必然会按照诸子均分的法律规定进行分配。当然，不能排除有些家长在遗令析产时不按法律规定而擅自随意分配的可能性，如姜密所举的石苞、刘弘基例，乜小红所举秀郎、王万孙例等。但这只能说明家长违规行事，并不能证明他享有自由处置财产的遗嘱权，也不能证明非"户绝"条件下存在着遗嘱继承制度。

第四节　立嗣与继产

立嗣属于宗祧继承。祧指祖庙，远祖、始祖之庙皆可称之。《礼记·祭法》："远庙为祧。"孙希旦集解云："盖谓高祖之父，高祖之祖之庙也，谓之远庙者，言其数远而将迁也。"故迁去神主也称祧。所谓宗祧继承，通俗地说，就是指延续和发展祖宗传递下来的枝蔓，

---

① 唐耕耦、陆宏基：《敦煌社会经济文献真迹释录》第 2 辑，全国图书馆文献微缩复制中心 1990 年版，第 182 页。

也即"烟火接续"。

宗祧继承的原则是"有子立嫡，无子立后"，故有子时不发生立嗣的问题，无子时才以人为的方式弥补自然血缘的缺憾，以获得宗祧继承人，即为立嗣。通常定有继嗣文书，文书名目随时代地区而有所不同，如"继单""嗣单""抱约"等。[1]

立嗣往往与财产继承牵连在一起，故也称"收继"。"收继"一词，从字面上来理解，包含"收养"和"继承"两种含义，意义比单纯的立嗣要广一些，符合社会生活的实际。

立嗣属于宗祧继承的范畴，而宗祧继承源自西周的宗法制度。宗法制度下的身份延续，采用嫡长子继承主义。嫡长子一系均亡或中断时，始立其他嫡子，即所谓"立嫡以长不以贤"[2]。若嫡子均先于被继承人死亡或没有嫡子，才退而从庶子、庶孙中选择。若嫡庶子皆无时，因大宗不能绝后，故必须从所属小宗中择立承袭人，即所谓立后。大宗无子立后的办法，后来成为庶民百姓"立嗣"的思想起源。

宗法制度崩溃后，无所谓大宗、小宗的严格区别，立嗣不再是大宗的专利，小宗支派也有立嗣之权利，故男子死后无子者，皆可立嗣。

秦代立嗣已较为普遍。《睡虎地秦简·法律答问》：

> 士五（伍）甲毋（无）子，其弟子以为后，与同居，而擅杀之，当弃市。[3]

---

[1] 卢静仪：《民初立嗣问题的法律与裁判》，北京大学出版社 2004 年版，第 19 页。

[2] 《公羊传·隐公元年》，（清）阮元校刻《十三经注疏》下册，中华书局 1980 年影印本，第 2197 页中栏。

[3] 睡虎地秦墓竹简整理小组：《睡虎地秦墓竹简》，文物出版社 1978 年版，第 181—182 页。

"擅杀、刑、髡其后子，谳之。"可（何）谓"后子"，官其男为爵后，及臣邦君长所置为后大（太）子，皆为"后子"。①

这两条中所提到的"后""后子"都是嗣子，可见，置后及无子时选嗣子为后，在秦代已比较普遍。《二年律令》专门有《置后律》，这里的置后含义较为丰富，既有择立"后子"的意思，也有在无子时选择财产继承人的意思。换言之，《置后律》的内容，除了有关身份继承外，还包括财产继承问题。②但无论如何，《置后律》的出现，表明汉代立后（嗣）的现象较为普遍。只要身后无子，皆要通过收养关系来确立嗣子，后世皆然。

立嗣是一种人为的、拟制的亲子关系，从方式上而言，它与收养没有区别。不过，立嗣具有目的上的特殊性，"上以事宗庙，下以继后世"，以确保祖先祭祀与家庭血统的绵延不绝。按照礼制的说法，祭祀祖先必须是由血亲男性后裔来进行，祖先不享他族之祀，即所谓"神不歆非类，民不祀非族"。③《左传·襄公六年》中说："国立异姓曰灭，家立异姓曰亡。"所以，立嗣不得立异姓为后。④

但禁止立异姓为嗣的规定，出现于何时，还有待于进一步研究。《睡虎地秦简》《二年律令》等简牍法律资料中，尚未发现明确禁止

---

① 睡虎地秦墓竹简整理小组：《睡虎地秦墓竹简》，文物出版社1978年版，第182页。
② 曹旅宁：《秦律新探》，中国社会科学出版社2002年版，第307页。
③ 《左传·僖公十年》，（清）阮元校刻《十三经注疏》下册，中华书局1980年影印本，第1801页下栏。
④ 按照中国的传统观念，"纵然有异姓之子能奉香火，然神不歆非类，宁得感通，其后名存，实为绝嗣"（《元典章》卷17《户部三》"禁乞养异姓子"条，陈高华、张帆、刘晓、党宝海点校，中华书局、天津古籍出版社2011年版，第603页）。立异姓无丝毫意义。

立异姓为后的条文，但《置后律》所列的继"后"次序全部是血亲，① 或许可以认为，立嗣一般是以血亲为限的。可以肯定的是，至少从东晋开始，已禁止立异姓为嗣。② 如《晋书·殷仲堪传》载："以异姓相养，礼、律所不许。"《唐律·户婚》条规定：

> 即养异姓男者，徒一年，与者，笞五十。其遗弃小儿，年三岁以下，虽异姓，听收养，即从其姓。疏议曰："依户令：'无子者，听养同宗于昭穆相当者'……异姓之男，本非族类，违法收养，故徒一年，违法与者，得笞五十。养女者不坐。其小儿年三岁以下，本生父母遗弃，若不听收养，即性命将绝，故虽异姓，仍听收养，即从其姓。"③

按此，唐律原则上禁止收养异姓，但出于人道主义考虑，例外允许收养三岁以下的异姓遗弃小儿。这种规定，势必产生异姓弃儿是否可以作为嗣子的争论。④

宋代的规定与唐律同，也同样存在一个是否允许收养的三岁以下异姓子为嗣的问题。从《名公书判清明集》所载案例来看，有数

---

①　《二年律令·置后律》："死事者，令子男袭其爵……毋子男以女，毋女以父，毋父以母，毋母以男同产，毋男同产以女同产，毋女同产以妻。诸死事当置后，毋父母、妻子、同产者以大父，毋大父以大母与同居数者。"［张家山二四七号汉墓竹简整理小组：《张家山汉墓竹简（二四七号墓）》，文物出版社 2001 年版，第 183 页。］《置后律》中涉及爵位、财产、立嗣等多方面的含义、内容，以大父母、父母、妻、同产为后，指爵位、财产的继承，而非指嗣子，立嗣当然不能乱辈分，不可能以长辈、同辈为后。

②　卢静仪：《民初立嗣问题的法律与裁判》，北京大学出版社 2004 年版，第 26 页。

③　《唐律疏议》卷 12《户婚》"养子舍去"条，中华书局 1983 年版，第 237—238 页。

④　从道理上讲，法律既允许收养三岁以下异姓为子，若收养之家无子嗣，是可以作为承袭烟火的嗣子。但在实际生活，受"神不歆非族"及立异姓为后，名存而实亡观念的影响，若同宗有可承袭的后代，可能会出现不允许异姓子作为嗣子而要求重新立嗣的可能。但可惜还没发现唐代的相关案例。

例是判允许以异姓子为嗣的。如阿陈夫亡，亲生子也死，欲立收养
之三岁以下异姓子为嗣孙。阿陈故夫之弟欲以己子为嗣，诉至官府。
官府以"在法，诸遗弃子孙三岁以下收养，虽异姓亦如亲子孙法"
为由，仍判以异姓子为嗣。① 又，郑文宝无子，生前以异姓幼子为养
子，死后，其妻欲立为嗣子。郑文宝之弟以"神不歆非类"诉至官
府，要求立己子为兄之嗣子，结果却是败诉。②

以收养的三岁以下异姓子为嗣，多遭族人反对，说明人们在观
念上还难以接受以异姓子为嗣的做法。但从法理上讲，既然允许收
养三岁以下异姓子，并从其姓，就可以立为嗣子。法司的判决也是
遵循这一原则的。因为从唐律传承下来的无子者听养同宗昭穆与可
养三岁以下幼子并从其姓之间存在着矛盾，并会引发诉讼，为解决
这一矛盾，宋代制定了三岁以下异姓养子同亲生子的新法条：

> 诸以子孙与人，若遗弃，虽异姓，三岁以下收养，即从其
> 姓，听收养之家申官附籍，依亲子孙法。③

按《宋刑统》的规定，无子孙者，需立同宗为嗣。现在又规定
异姓养子"依亲子法"，为何出现如此明显的矛盾呢？按照宋人的解
释，之所以有这样的规定，"是国家不重于绝人之义也。如必曰养同
宗，而不开立异姓之门，则同宗或无子孙少（原注：疑为'可'）

---

① 《名公书判清明集》卷7《户婚门·立继》"已有养子不当求立"条，中华书局
1987年版，第214页。

② 《名公书判清明集》卷8《户婚门·立继》"父在立异姓父亡无遗还"条，中华书
局1987年版，第245页；同书同卷"生前乞养"条、"立继有据不当户绝"条皆类似。

③ 《名公书判清明集》卷7《户婚门·立继》"仓司拟笔"条，中华书局1987年版，
第220页。

立，或虽有而不堪承嗣，或堪承嗣，而养子之家与所生之家不咸，非彼不愿，则此不欲虽强之，无恩义，则为之奈何，是以又开此门，许立异姓耳"①。

明清律关于收养三岁以下异姓子的规定，与唐宋相比，没有什么变化，如《大明律·户律》规定："其乞养异姓义子以乱宗族者，杖六十，若以子与异姓人为嗣者，罪同。其子归宗。其遗弃小儿年三岁以下，虽异姓仍听收养，即从其姓。若立嗣，虽系同宗而尊卑失序者，罪亦如之，其子亦归宗，改立应继之人。"② 但明代《户令》中已明确规定，不得乞养异姓子为嗣子，清律虽规定遗弃小儿"虽异姓仍听收养，即从其姓"，但又特别注明："但不得以无子，遂立为嗣。"③ 至此，立嗣与收养成为两个概念，收养三岁以下的异姓孤儿，类似于现代收养中的"抚育"观念，照料孤儿、弃儿或穷困的孩子，与继承宗祧的立嗣绝不相同。④

当然，不许立异姓为嗣，势必会出现宋代人所说的同族无子孙可立的情况。为解决这一问题，明清两代，立嗣范围有所扩大。唐、宋立嗣，范围限制在同宗，而明、清扩大至五服之外的亲族。清代

---

① 《名公书判清明集》卷7《户婚门·立继》"仓司拟笔"条，中华书局1987年版，第220页。

② 《大明律》卷4《户律·户役》"立嫡子违法"条，法律出版社1999年版，第47页。

③ 《大清律例》卷8《户律·户役》"立嫡子违法"条，法律出版社1999年版，第178页。

④ 但据《大清会典事例》卷156《户部·户口》"旗人抚养嗣子"条载：国初（应在康熙七年以前）定制，旗人收养嗣子，应先尽本族之人，"如本族无人，存日保结抚养异姓之子，亦准承受"（《续修四库全书·史部·政书类》第800册，上海古籍出版社2002年版，第536页）。是旗人可以收养异姓为嗣，但前提是本族无人。但到了乾隆四年，重申旗人收养嗣子，必须先尽本族昭穆相当之人，无本族之人，收养旗人异姓正户亲属之子，可以为嗣子；但收养家奴、民户之子，即使与旗人正户有至亲关系，也不许为嗣子（《续修四库全书·史部·政书类》第800册，上海古籍出版社2002年版，第537页）。开始限制旗人收养异姓为嗣，与《大清律例》的规定逐渐接近。

条例云：“凡无子者，许令同宗昭穆相当之侄承继，先尽同父周亲，次及大功、小功、缌麻，如俱无，方许择立远房及同姓为嗣。”① 但明清对于立嗣的顺序要求较为严格，先为周亲，次及大功，如此一来，侄子必须为无子的叔父、伯父充当嗣子。白凯称其为“强制侄子继嗣”，并认为这是相对于唐、宋的一大变化。②

立嗣之目的虽主要在于承祀宗祧，但嗣父母在世时，嗣子亦需奉养嗣父母，因此，彼此之间的情感也很重要。然而强制立嗣，对情感的因素考虑得较少，因而嗣子与嗣父母不和之事屡有发生。既然嗣子必须先为同父周亲范围内的侄子，若有亲侄，承嗣和袭产几乎成了法定权利，便不可能对嗣父母孝敬。为了和睦起见，乾隆四十年（1775年），增订新例“无子立嗣，若应继之人平日先有嫌隙，则于昭穆相当亲族内，择贤择爱，听从其便”。这就是所谓的“爱继”，与“应继”对立而言。在美国学者白凯看来，爱继是对守贞寡妇的奖励。她认为，明初对侄子强制继嗣的规定，使寡妇立嗣的择嗣空间被压缩。但随着明、清对寡妇贞节的崇拜愈发增强，官员们常常会超出法律，认可寡妇来依应继顺序而择立的嗣子，以奖励守贞寡妇。③ 这一说法不无道理，乾隆四十年（1775年）颁布的上谕云：“立继一事，专为承祧、奉养，固当按照昭穆之序，亦宜顺孀妇之心。”④

立嗣必须是昭穆相当之人，不能乱了辈分。这在各个时代的法

----

① 《大清律例》卷8《户律·户役》“立嫡子违法”条，法律出版社1999年版，第179页。
② ［美］白凯：《中国的妇女与财产：960—1949年》，刘昶译，上海书店出版社2003年版，第39页。
③ ［美］白凯：《中国的妇女与财产：960—1949年》，刘昶译，上海书店出版社2003年版，第60—66页。
④ 《大清高宗纯皇帝实录》卷995，（台北）华联出版社1964年版，第24页。

律中都是一样的，虽然也有过以弟为继的事例，如《名公书判清明集》中就有此类案例，但官府判词强调："世俗以弟为子，固亦有之，必须宗族无闲言而后可。"① 但这样的事例不多。日本学者滋贺秀三的《中国家族法原理》中引惯行调查证明，民间一般认为以弟为嗣是不合道理的事情，②《名公书判清明集》中也有废除不合昭穆嗣子的例子。③

没有亲生子之家为了保证香火的延续，一般要立嗣子。立嗣形式可以分为生前立嗣与死后立嗣。生前立嗣是父母俱在世时所立的嗣子。死后立嗣，可以分为"立继"与"命继"两种情况："立继者，谓夫亡而妻在，其绝则其立也当从其妻。"④ 即妻为亡夫立嗣；"命继者，谓夫妻俱亡，则其命也惟近亲尊长。"⑤ 即夫妻俱亡，由近亲尊长立嗣。其中，生前立嗣与死后立嗣中的"立继"所立嗣子，享有和亲生子一样的析产权利："立继者，与子承父分法同，当尽举其产以与之。"⑥

宋代有不少"立继"之嗣子独占家产的事例。如郑应辰无子，只有两个亲生女和养（嗣）子孝先。死后，其留下的田三千，库十座，按规定均应为养子所承。郑应辰用遗嘱欲将家产的一部分留于两个出

---

① 《名公书判清明集》卷8《户婚门·立继》"继绝子孙止得财产四分之一"条，中华书局1987年版，第251—256页。

② ［日］滋贺秀三：《中国家族法原理》，张建国、李力译，法律出版社2003年版，第318页。

③ 参见《名公书判清明集》卷8《户婚门·立继》"叔教嫂不愿立嗣意在吞并"条，中华书局1987年版，第246—247页。

④ 《名公书判清明集》卷8《户婚门·立继》"命继与立继不同"条，中华书局1987年版，第265页。

⑤ 《名公书判清明集》卷8《户婚门·立继》"命继与立继不同"条，中华书局1987年版，第265页。

⑥ 《名公书判清明集》卷8《户婚门·立继》"命继与立继不同"条，中华书局1987年版，第265页。

嫁的亲生女，孝先却诉至县衙，请求判定养父之遗嘱为非法。县丞根据律令认定遗嘱无效，判孝先承继全部家业。上诉至州，州官虽也承认遗嘱无效，但考虑到所遗家业丰厚，养子已承受多半，拨给亲生女的不足十分之一，也合情理。所以认为不必追究遗嘱是否合法，改判按原遗嘱执行。① 州官之所以法外矜情，恐怕是考虑到父母的遗产，如果全由嗣子承袭，亲生女反而得不到恩惠，也不合情理。

与之类似的还有吴琛、曾千钧二例。吴琛有四女（二十四娘、二十五娘、二十七娘、二十八娘）和一抱养子（二十六郎吴有龙），吴琛死后，家产为吴有龙所承。② 再如曾千钧有亲生二女（兆一娘、兆二娘），因无子而立曾文明之子秀郎为继子。曾千钧死后，财产为秀郎所承，曾千钧生前曾征得秀郎等人同意，遗嘱拨税钱 800 文与二女。但曾千钧死后，曾文明与秀郎诉遗嘱为伪，意欲全部吞并曾千钧遗产。③

法律对于立继子的财产权利，是给予保障的。以下二例是南宋时期保障立继子承袭财产权的案例。

一是寡妇叶氏将养老田遗嘱与已出嫁的亲生女归娘继承，而不与继子蒋汝霖，蒋汝霖告官，官府以"有承分人不合遗嘱"为由改判蒋汝霖继承：

> 蒋汝霖之事久而不决者，盖缘叶氏不曾到官。今准本州押

---

① 《名公书判清明集》卷8《户婚门·遗嘱》"女合承分"条，中华书局1987年版，第290—291页。

② 《名公书判清明集》卷7《户婚门·立继》"立继有据不为户绝"条，中华书局1987年版，第215—217页。

③ 《名公书判清明集》卷7《户婚门·女受分》"遗嘱与亲生女"条，中华书局1987年版，第237—238页。

下，方见底蕴。盖叶氏乃蒋森后娶之妻，蒋汝霖乃蒋森元养之子，子可以诉继母乎？蒋汝霖自合坐罪，然亦其继母之舅有以使之。契勘蒋森家业有田谷二百九十硕，蒋森在时，自出卖三十二硕，蒋森死后，叶与其兄叶十乙秀合谋，擅割其田业为三：汝霖得谷一百七十硕，叶氏亲生女归娘得谷三十一硕随嫁，叶氏自收谷五十七硕养老。归娘既是叶氏亲生，又许嫁叶氏姊子郑庆一，由是叶、郑合为一党，而汝霖之势始孤。使汝霖能尽孝以回其母心，谨礼以守其父业，岂不尽善。今乃遽将分到之业，节次卖破，其母、妹安得不疑惧而防闲之？母、妹之情既隔，于是汝霖始敢不逊而生讼矣。已分之业，已卖之田，官司难以更与厘正。只据见在，则归娘三十一硕谷田，自合还归娘随身，汝霖不得干预。叶氏五十七硕谷田，叶氏尚在，岂外人敢过而问。但叶氏此田，以为养老之资则可，私自典卖固不可，随嫁亦不可，遗嘱与女亦不可。何者？在法：寡妇无子孙年十六以下，并不许典卖田宅。盖夫死从子之义，妇人无承分田产，此岂可以私自典卖乎？妇人随嫁奁田，乃是父母给与夫家田业，自有夫家承分之人，岂容卷以自随乎？寡妇以夫家财产遗嘱者，虽所许，但户令曰：诸财产无承分人，愿遗嘱与内外缌麻以上亲者，听自陈。则是有承分人不合遗嘱也。今既有蒋汝霖承分，岂可私意遗嘱，又专以肥其亲生之女乎？仰蒋汝霖今后洗心改过，奉事叶氏，不得咆哮；叶氏亦当抚育男女，勿生二心。及不得使叶十乙秀干预蒋家事务，以离其母子。汝霖且略加惩戒，决小杖二十，再犯重治。申州照会。[1]

---

[1] 《名公书判清明集》卷5《户婚门·争业类下》"继母将养老田遗嘱与亲生女"条，中华书局1987年版，第141—142页。

二是陈文卿家继子与亲生子均分家产之事：

陈文卿妻吴氏昨来抱养陈厚为子，继而亲生二子，陈谦、陈寅是也。吴氏夫妇若贤，则于有子之后，政当调护均一，使三子雍睦无间言可也。无故自以产业析而三之，文卿既死之后，吴氏又以未分之业析之。陈厚自鬻已产，固为不是，然使吴氏初无偏私之意，未即分开产业，至今同爨而食，母为之主，则陈厚虽欲出卖而无从。陈谦、陈寅挟母以治其兄，至谓陈厚殴母，于状内称于十月二十九日陈状判执者，此特谦、寅买填印白纸，栽添讼本而已。不然，二十九日之状簿，何以独无吴氏之名。准法，父母在，不许别籍异财者，正欲均其贫富，养其孝弟而已。今观吴氏子母违法析产以与陈厚者，是欲魇之使贫也。昔姜氏恶庄公，爱叔段，东莱吕氏云：爱恶二字，乃是事因。今吴氏爱恶何以异此。幸今吴氏母子因陈厚论收诡户，稍肯就和，此当职之所深愿也。唤上陈厚，当厅先拜谢其母，陈谦、陈寅次拜谢其兄，唤乡司扣除陈厚、陈谦、陈寅三户之外，其余范从政、陈梦龙、陈氏儿陈堪下黄庚、三姐、陈文卿等五户物业，并归陈文卿一户，而使吴氏掌之，同居共爨，遂为子母兄弟如初。他时吴氏考终之后，从条只将陈文卿一户分与三子，陈厚不得再分陈谦、陈寅两户物业，以其已经分析立户，自行卖尽故也。若以法意言之，谦、寅两户亦合归并，但陈厚既已自卖其所受之产，不欲归并，以遂陈厚重叠分业之科，此又屈公法而徇人情耳。仍给据与谦、寅为照。陈厚者，归与妻子改节以事其亲，笃友以谐其弟，自此以后，无乖争凌犯之习，以厚里间，尤令之所望也。仍申。①

对于"立继"之嗣子承袭家产的权利，后世各朝也都是给予保障的。如清代条例也规定："无子者，许令同宗昭穆相当之侄承继……若立嗣之后，却生子，其家产与原立子均分。"② 律条中，不仅肯定了立继子的"承继"地位——既是身份继承者又是财产继承者，而且，立嗣之家，即便以后有子，其承袭家产的权利也不可夺。从清代司法实践来看，嗣子的财产权利是有保障的：

> 钦差刑部侍郎审奏直隶献县民妇李王氏具控李嗣业冒宗霸产等情一案。缘李王氏系李会白之妻，李会白素务农业，家道稍裕，娶妾李氏。嗣因年老无子，即立伊胞兄李能白次子李玉振为嗣。后李会白因玉振不务正业，恐日后荡费财产，不愿玉振为嗣，在县具呈告逐，另继同姓李自洁之第四子李嗣业为之。李嗣业过继之后，读书入学素为会白所爱，令随李氏同院居住，母子相称。王氏自此心怀嫉妒，彼此不睦。迨会白病故，惟时玉振已死，王氏欲将玉振之子龙见为承重孙以嗣业。系同姓不宗不准成服，遂互相呈控。除李王氏等诬告行贿重情，分别坐诬收赎外，查李龙见系玉振之子，但玉振不得于所后之亲，曾经会白当堂告逐。龙见未便复为其孙，应照例归宗。李嗣业虽系会白在日过继，但查同宗立嗣，尊卑失序者，律内尚有归宗

---

① 《名公书判清明集》卷8《户婚门·分析》"母在不应以亲生子与抱养子析产"条，中华书局1987年版，第278—279页。

② 《大清律例》卷8《户律·户役》"立嫡子违法"条，法律出版社1999年版，第179页。

改立之条，今李嗣业既讯明同姓不宗，并无昭穆，未便仍立为嗣，应将李嗣业亦照律归宗。李龙见既不得为会白之孙，所有两次断给房地应照数追还。李嗣业既不得为会白之子，据供会白遗资捐布政司理问职衔应咨部注销，所捐封典照例追缴。查李会白服内侄辈三人均系独子，并无昭穆相当应继之侄。应将会白已故胞侄师尹作为继子，其子元良承继为孙，以接宗祧。如此则谊属亲支，讦端可以永杜。所有李会白家产应令地方官查明确数，并追出龙见房地，一并给与元良管业。王氏、李氏均令养赡。未经详查宗派，错断之家产，州县交部议处。乾隆三十九年通行本内案。①

此案发生于乾隆三十九年（1774 年），李会白年老无子，曾立侄李玉振为嗣。后因李玉振不务正业，呈县官告逐，另立同姓李嗣业为嗣，命李嗣业认己妾李氏为母，以为养子。李会白病故后，李玉振亦亡故，李会白之妻李王氏欲立李玉振之子李龙见为承祀孙，并"两次断给房地"。同时主张李嗣业为同姓非宗，赴县控告，经审，李玉振已被李会白告逐，故其子李龙见无承祧之资格，而李嗣业虽生前过继，但同姓不宗，且昭穆不清，故亦为非法嗣子。不过，李会白立后之事仍须解决，查李会白的服侄均为独子，不能过继，故变通以李会白已故之侄李师尹为嗣子，再由李师尹之子李元良为承祀孙，"并追出龙见房地，一并给与元良管业"。说明立继子的财产权利与亲生子是没有区别的。

如果是"命继"，则有所不同。"命继"立嗣，并非出于死者本

① （清）祝庆祺、鲍书芸编修：《刑案汇览》卷 7《户律·户役·立嫡子违法》"同宗及已告逐之人均不准继"条，北京古籍出版社 2004 年版，第 233 页。

意，由近亲尊长代立，目的多为争产。而且，命继之家，事实上已经形成了"户绝"，本来家产就应归女儿所有。故此类家庭中，一般是命继子与女儿共同承袭家产。即使没有女儿，命继子也不能承袭全部家产，国家也要从中分一杯羹。宋代法律规定：

准法：诸已绝之家而立继绝子孙，谓近亲尊长命继者。于绝家财产，若只有在室诸女，即以全户四分之一给之，若又有归宗诸女，给五分之一。其在室并归宗女即以所得四分，依户绝法给之。止有归宗诸女，依户绝法给外，即以其余减半给之，余没官。止有出嫁诸女者，即以全户三分为率，以二分与出嫁女均给，一份没官。若无在室、归宗、出嫁诸女，以全户三分给一，并至三千贯止，即及至二万贯，增给二千贯。[1]

按此，"命继"立嗣下，嗣子与女儿共同分割家产，而且，嗣子承袭家产的份额还要受女儿身份不同（在室女、归宗女、出嫁女）的影响：

1. 若有在室女，命继子仅得家产的四分之一；若在室、归宗女皆有，命继子承袭的份额降至五分之一。在室、归宗诸女共同继承五分之四的财产。

2. 只有归宗女，命继子承袭五分之一的家产，归宗女实得五分之二，另五分之二没官。

3. 只有出嫁诸女，命继子与出嫁女分别各得三分之一，余三分之一没官。

---

[1] 《名公书判清明集》卷8《户婚门·女承分》"处分遗孤财产"条，中华书局1987年版，第288页。

4. 若无在室、归宗、出嫁诸女，则以全户三分之一给命继子，最高不超过三千贯。若家产达二万贯及以上者，再增给二千贯。其余没官。可列表如下：①

身份	亲女之份额	命继子之份额	没官份额
在室女	四分之三	四分之一	无
在室、归宗女	五分之四	五分之一	无
归宗诸女	五分之二	五分之一	五分之二
出嫁诸女	三分之一	三分之一	三分之一
无亲女场合		三分之一	三分之二

因为立嗣关系涉及“户绝”财产的承继，围绕着立嗣的财产纠纷便不可避免。因此，立嗣往往演变成为亲族间的争产事件。在《名公书判清明集》中，即有相当多的名为立继、实为争产的案例：

李文孜蕞尔童稚，怙恃俱亡，行道之人，所共怜悯。李细二十三为其叔父，非特略无矜恤之心，又且肆其吞噬之志，以己之子为兄之子，据其田业，毁其室庐、服食、器用之资，鸡、豚、狗、彘之畜，毫发丝粟，莫不奄而有之。遂使兄嫂之丧，暴露不得葬，孤遗之侄，逃遁而无所归。其灭绝天理，亦甚矣！纵使其子果是兄嫂生前所养，则在法，所养子孙破荡家产，不能侍养，实有显过，官司审验得实，即听遣还。今其不孝不友如此，其过岂止于破荡家产与不侍养而已，在官司亦当断之以义，遣逐归宗。况初来既无本属申牒除附之可凭，而官司勘验

① 以上对“命继”立嗣下，嗣子与女儿分割家产的份额及相应图表参考了李淑媛女士的论述。参见李淑媛《争财竞产：唐宋的家产与法律》，北京大学出版社2007年版，第161—162页。

其父子前后之词，反复不一。又有如主簿之所申者，上则罔冒官司，下则欺虐孤幼，其罪已不可逃，而又敢恃其强悍，结集仇党，恐喝于主簿体究之时，劫夺于巡检拘收之后，捍拒于弓手追捕之际，出租赋、奉期约之民，当如是乎？若不痛惩，何以诘暴！准敕：诸身死有财产者，男女孤幼，厢耆、邻人不申官抄籍者，杖八十。因致侵欺规隐者，加二等。厢邻不申，尚且如此，况叔侄乎？因致侵欺，尚且如此，况吞并乎？又敕：诸路州县官而咆哮凌忽者，杖一百。凌忽尚且如此，况夺囚乎？又律：诸斗以兵刃斫射人，不着者杖一百。斫射平人，尚且如此，况拒州县所使者乎？合是数罪，委难末减。但子听于父者也，李少二十一岂知子从父令之为非孝。原情定罪，李细二十三为重，李少二十一为轻，李细二十三决脊杖十五，编管五百里，李少二十一勘杖一百，押归本生父家，仍枷项，监还所夺去李文孜财物、契书等。李文孜年齿尚幼，若使归乡，必不能自立于群凶之中，而刘宗汉又是外人，亦难责以托孤之任，此事颇费区处。当职昨唤李文孜至案前，问其家事，应对粗有伦叙，虽曰有以授之，然亦见其胸中非顽冥弗灵者，合送府学，委请一老成士友，俾之随分教导，并视其衣服饮食，加意以长育之。其一户产业，并从官司检校，逐年租课，府学钱粮，官与之拘榷，以充束修服食之费，有余则附籍收管，候成丁日给还。[①]

此案中，李细二十三与其子李少二十一以继嗣为名，合谋侵占兄产，欺辱孤遗之侄李文孜，使其逃遁而无所归。官府最后夺去李

① 《名公书判清明集》卷8《户婚门·孤幼》"叔父谋吞并幼侄财产"条，中华书局1987年版，第285—287页。

少二十一的嗣子之名，将产业归还于李文孜。只是因李文孜年幼，财产先由官府检校，成丁后给还。下案中，张迎死后，其族人张达善自称昭穆相当，愿做嗣子，实则为了张迎丰厚的家业：

　　照得张介然有三子，介然身故，其妻刘氏尚存，其长子张迎娶陈氏，早丧而无子。盖刘氏康强，兄弟聚居，产业未析，家事悉听从其母刘氏之命，所以子虽亡，寡妇安之，此不幸中之幸也。今有族人张达善，状称叔张迎亡嗣续，自以昭穆相当，今应承继。刘氏年老垂白，屡造讼庭，不愿立张达善，其词甚功。窃详所供，见得张达善不当继绍有三。据刘氏状称，张达善随所生母嫁郑医，抱养于彼家，遂为郑氏之子，有县案可证。又据刘氏状称，张达善原系张自守之子，兄弟两人，其兄全老漂荡不归，死于淮甸。自守之户已绝，若欲继张氏，合当继自守之户。此说亦有理，岂可舍抱养之家，绝亲父之后，反欲为他人之嗣，此不可一也。在法：立嗣合从祖父母、父母之命，若一家尽绝，则从亲族尊长之意。今祖母刘氏在堂，寡妇陈氏尚无恙，苟欲立嗣，自能选择族中贤子弟，当听其志向可否。张达善不此之思，反执族长张翔道之状，以为当立，安知非偏词曲证。何况张达善自画宗枝图，初无翔道名，显非亲族属。岂有舍亲祖母之命，妄从远族人之说，硬欲为人之后，此不可二也。更以张达善供责观之，达于取刘氏为叔祖母，陈氏为叔婶，张肖祥、梓为堂叔，尊卑名分，截然不可犯。今张达善之状，一则欲追陈氏，二则欲押出二叔，三则称老瘫叔祖婆阿刘出官，抵睚甚至，诬诉变寄财产，意在追扰，迫之命立，可谓无状。其待尊长如此悖慢，若使继绍，其后决不孝养重亲，敬奉二叔，必至犯上陵下，争财竞产，使平日之和气索然，一家之物业罄矣！岂有追叔祖母之子妇，谋叔母之产业，而可为人子孙乎？此不可三也。世俗浮薄，知礼者少，嗣续重事，固有当继而不屑就者，未闻以讼而可强继。既相攻如仇敌，有何颜面可供子弟之职，岂不流为恶逆之境，此等气习不可不革。今仰刘氏抚育子妇，如欲立孙，愿与不愿悉从其意。张达善勘杖八十，且与封案，再犯拆断。①

或许类似的事例多有发生，所以吴恕斋在判词中曾感慨世间"贪图继立，为利忘义，全无人心"：

> 宗族亲戚间不幸夭丧，妻弱子幼，又或未有继嗣者，此最可念也。悼死而为之主丧，继绝而为之择后，当以真实恻怛为心，尽公竭力而行之，此宗族亲戚之责之义也。近来词诉乃大不然，死者之肉未寒，为兄弟、为女婿、为亲戚者，其于丧葬之事，一不暇问，但知欺陵孤寡，或偷搬其财物，或收藏其契书，或盗卖其田地，或强割其禾稻，或以无分为有分，或以有子为无子，贪图继立，为利忘义，全无人心，此风最为薄恶。②

其实，不独宋代如此，明、清亦然。各种遗留下来的案卷中，

---

① 《名公书判清明集》卷7《户婚门·立继》"争立者不可立"条，中华书局1987年版，第211—212页。

② 《名公书判清明集》卷7《户婚门·孤寡》"宗族欺孤占产"条，中华书局1987年版，第236—237页。

立继名义下的争产纠纷时有发生。乾隆四十四年（1779 年），湖北某地曾氏家族长房曾文玉无嗣，二、三房争嗣谋夺继产，曾志广殴死期亲胞叔。曾志广被凌迟处死。朝廷专门制定了新条例："因争继酿成人命者，凡争产谋继及扶同争继之房分，均不准其继嗣。应听户族另行公议承立。"①薛允昇在《读例存疑》中感叹道："争继之事，大抵皆为家产起见，甚至有因而酿命者，世风不古，由来已久矣。"卢静仪、张佩国的研究也证明，民国年间，隐藏于立嗣之下的争产斗争也极为常见。②

既然是名为继嗣，实为继产，势必出现死者有财产时，争做嗣子，无财产时，谁也不愿做嗣子的情况。如南宋叶容之、叶咏之二人的胞兄叶瑞之亡故，无嗣，因贫，二人之子均不愿做亲伯父之嗣子。而叶容之、咏之的堂兄叶秀发死，也无嗣，但富有，于是二人之子皆抢做嗣子，上诉官府，均言叶秀发已生前答应各自之子为嗣子，争得不可开交。官府斥其无义，谓亲伯父死，不愿为嗣；而小功伯父死，争为嗣子。于是让二人抓阄，一为瑞之后，一为秀发后。③

如果一个无子而又较为富有的人去世，就会出现同族人争做嗣子的情形。据清末民初的调查，河南、河北、山东、陕西、甘肃等北方诸省的民俗中，无子而亡又未立嗣者，同族之人昭穆相当者，谁如果能够在死者丧礼上打幡——出殡时执幡前导、顶盆——指死

————————

① （清）吴坤修等编撰：《大清律例根原》卷26《户律·户役》"立嫡子违法"条，上海辞书出版社2012年版，第411—412页。
② 卢静仪：《民初立嗣问题的法律与裁判》，北京大学出版社2004年版，第113—117页；张佩国：《近代江南乡村地权的历史人类学研究》，上海人民出版社2002年版，第191—205页。
③ 《名公书判清明集》卷7《户婚门·立继》"兄弟一贫一富拈阄立嗣"条，中华书局1987年版，第203—204页。

者灵柩前烧纸之盆，出殡时顶于头顶，谁就有权成为嗣子。① 即便日后不能立为嗣子，也往往可获得死者财产的四分之一到五分之一。因为牵涉到财产，故往往彼此互争，甚至酿成诉讼，所以有些地方，为防止发生顶盆之争，在灵柩出发之前，就将纸灰盆摔毁，事后再亲族公议，决定谁做嗣子。日后公议虽避免了丧礼上的争端、纠纷，但以公议的方式决定嗣子也很困难，尤其是有资格当嗣子的人为数较多时，就更为困难。为避免纠纷，有些地方就在立嗣子的同时，对于其他亲等相同也有资格做嗣子者，往往也分到一份财产。②

　　财产成为立嗣的前提，大失原来宗祧继承的原意。贫穷者往往不能立嗣子，为让无子的穷人能够香火传承，亲属们不得不捐凑财产当作死者的遗产，以期获得嗣子。江苏高淳县的民俗中，对于无遗产者，亲族欲为其立嗣，往往先行集资，而后立嗣。③ 河南固始县对于贫而无嗣者，近房兄弟之子，往往携其生父应继之财而过继，称带产过继。④

_____

① 梁治平：《清代习惯法：社会与国家》，中国政法大学出版社1996年版，第80—81页。
② ［日］滋贺秀三：《中国家族法原理》，张建国、李力译，法律出版社2003年版，第274页。
③ ［日］滋贺秀三：《中国家族法原理》，张建国、李力译，法律出版社2003年版，第275、299页注99。
④ 南京国民政府司法行政部编：《民事习惯调查报告录》，中国政法大学出版社2000年版，第812页。

第三章 女儿的财产权问题

第一节 女儿的财产继承权

女儿与兄弟虽同为父母所生，血缘上没有远近、亲疏之别，但在财产权利方面存在着巨大的差异。

所谓财产权，是指具有物质财富内容的权益，包括物权、债权、知识产权等。在婚姻、劳动等法律关系中，也有与财物相联系的权利，如家庭成员间要求扶养费、抚养费、赡养费的权利；基于劳动关系领取劳动报酬、退休金、抚恤金的权利等。因此，财产权范围极广，凡是以享受社会生活中除人格利益和身份利益以外的外界利益为内容的权利都是财产权。这里所谓的财产权，是在狭义意义上使用的，专指以所有权为核心的财产利益，包括财产的占有权、使用权、收益权、处分权以及所有权的转移与分割。

古代社会普遍实行同居共财制，同居成员共同对家庭财产拥有所有权，一般来说，共同财产的占有、使用、收益诸权由同居成员共同享有，男女成员之间并无本质差别；只是在体现所有权的转移与分割的继承与析产方面，男女之间存在着较大的差别。因本节专论女性财产权，主旨在于说明女性财产权的特点以及与男性的差异所在，故对于财产的占有、使用、收益、处分方面，较少涉及，主要讨论体现所有权的转移与分割的继承权与析产权。

如前所言，析产与继承是两种截然不同的行为。析产是共有关系终止时共有人分割共同财产的行为，参与者必须是共同财产的共有主体，也即对共有财产具备所有权的成员。中国古代的共有关系，虽称同居共财，但实际上是父宗血缘团体共有制，或者说是同居男性成员共有制。同姓共有、禁止财产外流是其主要特征。女儿终究是要嫁于外姓为妇的，若承认她们是共有主体、具有析产权，女儿外嫁，就会产生财产分割问题，包括土地在内的财产的外流便无法制止，势必会危及家族聚居的基础。故必须将女儿排除在共有主体之外，禁止她们分家析产的权利。因此，只有男性成员才具备析产权。

从古代社会的法律规定来看，析产都是在兄弟间进行的。《奏谳书》规定"死夫，以男为后"、[①]《二年律令》规定"死事者，令子男袭其爵"。[②] 这二则虽然主要指的是爵位继承或宗祧继承的顺序，但同时也很有可能是财产继承的顺序。显然，家产是由儿子来承袭的。到了唐宋时期，法律规定"应分田宅及财物者，兄弟均分"；[③]明清时期的法律略同："其分析家财，不问妻、妾、婢生，只（止）依子数均分。"[④] 可见，女儿是被排除在外的，家产都是由兄弟来

---

① 张家山二四七号汉墓竹简整理小组：《张家山汉墓竹简（二四七号墓）》，文物出版社 2001 年版，第 227 页。

② 张家山二四七号汉墓竹简整理小组：《张家山汉墓竹简（二四七号墓）》，文物出版社 2001 年版，第 183 页。

③ 《唐律疏议》卷 12《户婚》"同居卑幼私辄用财"条，中华书局 1983 年版，第 242 页；《宋刑统》卷 12《户婚》"卑幼私用财"门，法律出版社 1999 年版，第 221 页。

④ 《大清律例》卷 8《户律·户役》"卑幼私辄用财"条附例，法律出版社 1999 年版，第 187 页。

均分。

当然，这并不是说女儿就没有机会参与分割家产的活动，在某些特定的情形下，女儿也可以承袭家产。只是女儿分割或承袭家产的行为，从性质上说，属于继承行为而非析产行为。

女儿参与分割家产的活动，主要在以下两种情形下，一是父母双亡后的分家析产；二是形成所谓的"户绝"。以下分论。

一　父母双亡后的分家析产

中国古代的法律，对于家产分析，一般规定为诸子均分，女儿无权参与析产。但对于父母双亡后的分家析产，唐宋时期规定在室女（包括归宗女）能够分得一定数量的财产：

1. 应分田宅及财物者，兄弟均分，兄弟亡者，子承父分；兄弟俱亡，则诸子均分。其未娶妻者，别与娉财。姑、姊妹在室者，减男娉财之半。[1]

2. 食封人身没以后，所封物随其男数为分，承嫡者加一分。若子亡者，及（孙）男承父份。寡妻无男，承夫份。若非承嫡房，至玄孙不在分限，其封物总入承嫡房，一依上法为分。其非承嫡房，每至玄孙准前停。其应得分房无男，有女在室者，准当房分得数与半。女虽多，更不加。虽有男，其姑、姊妹在室者，亦三分减男之二。[2]

---

① 《宋刑统》卷12《户婚》"卑幼私用财"门引唐代《户令》，法律出版社1999年版，第221—222页；[日]仁井田陞：《唐令拾遗·户令》，东京大学出版会1983年版，第245—246页。
② 《唐六典》卷3《户部》"郎中员外郎"条注，陈仲夫点校，中华书局1992年版，第79页。

3. 在法：父母已亡，儿女分产，女合得男之半。①

以上三条法令，看似差别很大，其实规定的内容大同小异。其中第3条规定，一目了然：父母双亡后的分家析产，女儿能得到相当于男子（兄弟）一半的财产，学界一般称为"女合得男之半"法。

当然，并非所有的女儿在分家时都可获得男性一半数额的财产。古代一般按照婚姻状态将女儿分为三类：未婚的女儿称在室女，已婚的女儿称出嫁女，出嫁后因夫死或离异而回归娘家的称为归宗女。从《名公书判清明集》中所谓"在室女依子承父分法给半"② 及"已嫁承分无明条，未嫁均给有定法"③ 等表述来看，出嫁女无权按此条分得财产，只有在室女（含归宗女）才可以按此条分得财产，出嫁女则不在其列。所谓"女合得男之半"，准确来说，应是"（在室）女合得男之半"。

第1、2条也是给在室女分产的法令。但似乎没有"父母已亡"的限制，所以很多学者将之看作是与第3条不同的分产法令。其实，以上三条法令内容大体相同。第1条规定说，分产时兄弟均分，兄弟亡则子承父分；无子而妻在，妻承夫分；兄弟俱亡或夫妻双亡（也即父母双亡），则诸子均分，其未娶妻者给娉财，在室女减男娉财之半。也就是说，父母双亡后的分家析产，未娶妻者给娉财，在室女则能得到相当于"男娉财之半"的财产。

① 《名公书判清明集》卷8《户婚门·分析》"女婿不应中分妻家之财"条，中华书局1987年版，第277—278页。
② 《名公书判清明集》卷8《户婚门·检校》"侵用已检校财产论如擅支朝廷封桩物法"条，中华书局1987年版，第281—282页。
③ 《名公书判清明集》卷7《户婚门·立继》"命继有据不为户绝"条，中华书局1987年版，第217页。

当然，女儿得男娉财之半与得男之半，虽然比例上都符合男二女一，但两者悬殊，似乎没有直接关系。但日本学者佐立治人发现，源于《唐令》的日本《养老令》中，所谓"姑姊妹在室者，减男娉财之半"却作"姑姐妹在室者，各减男子之半"，因此《唐令》"减男娉财之半"中的"娉财"二字系衍字或后人加笔，应为"姑姊妹在室者，减男之半"，意为在室女分家时可获得男子一半的财产。[①]

第2条是"食封"的传承规定，一般情况下"随其男数为分"，即兄弟均分；兄弟亡则子承父分；无子而妻在，妻承夫分；若兄弟夫妻双亡（也即父母双亡）无子而仅有在室女者，"准当房分得数与半"；若兄弟夫妻双亡有子但也有在室女时，食封"亦三分减男之二"，中间或许缺漏"女"字，应为"亦三分，（女）减男之二"，意思是食封分为三份，子二份，在室女则"减男之二"，即分得一份。或者"亦三分减男之二"为"亦减男三分之二"之误，即子分得三分之二，在室女分得三分之一。

所以，唐代就有父母双亡"在室女合得男之半"的分产制度，食封（对宗室及功臣的赏赐）的传承也不例外，宋代延续了这一规定的法律。

父母双亡的析产，所有家产，皆按照诸子均分的原则被分割完毕，在室女的生活费用难有着落，故必须专门规定给在室女分产，为她们保留一定份额的生活费用。而父母健在时的分产，则不必有这样的顾虑。父母只要在分产时对诸子一视同仁、公平分配，不存亲疏之心、厚此薄彼，遵循诸子均分的原则，就完成了法律义务。至于将多少家产拿出来分配给诸子，自己留下多少，完全由父母

---

① ［日］佐立治人：《唐戸令应分条の复元条文に对する疑问——南宋の女子分法をめぐる议论との关连で》，《京都学园法学》1999年第1号。

自行决定，子孙对此不得有任何异议。家中如有未嫁在室女，父母在分产时，完全可以预留出女儿的生活费用，无须法律来做强制规定。

"女合得男之半"法是法史学界高度关注的问题之一。多年来，学者就其适用范围、存续的时间以及本法是否违反家族财产法原理等问题，展开了热烈讨论，涉及中国古代家族法原理、家庭财产的权利主体、家产承继的性质、女性财产权利等重要问题。本章下节将进行专论。

二　"户绝"时女儿的继承权

在有子嗣的家庭里，女儿的财产权利是受到诸多限制的，在分家析产时，只有在室女能够获得一份相当于兄弟一半的财产，作为出嫁前的生活费用，出嫁女则没有分产的权利。但在家中无男性后裔也即"户绝"的情形下，女儿包括在室女、归宗女、出嫁女，则可承袭家产。唐、宋法条规定：

> 诸身丧户绝者，所有部曲、客女、奴婢、店宅、资财，并令近亲（亲依本服，不以出降）转易贷卖，将营葬事及量营功德之外，余财并与女（户虽同，资财先别者亦准此）。无女均入以次近亲，无亲戚者官为检校。若亡人在日，自有遗嘱处分，证验分明者，不用此令。[①]

按此规定，家无子嗣继立门户的，女儿可继承除去为父母治

---

① 《宋刑统》卷12《户婚》"户绝资产"门引唐代《丧葬令》，法律出版社1999年版，第222—223页。

办丧事所需费用以外的全部财产。无女者给近亲属，无亲戚者收归官有。令文中专门强调"户虽同，资财先别者亦准此"，也即在"同居异财"的特殊团体内，女儿也享有对父母财产的完全继承权。

所谓"同居异财"，系指未别立户籍但资产先别的家庭。这一特殊家庭形式的出现，与法律规定有关。中国古代的各朝律典，虽一般都规定同居共财制度，即同一户籍的成员必须实行财产共有制度，禁止同居成员拥有个人私产，禁止子孙在祖父母、父母在世时，与尊长别籍异财；但法律也允许祖父母、父母可以在不另立户籍的前提下，让子孙财产分立，组成户籍同而财产异的家庭形式。[1] 在这种财产已分户籍未别的家庭，法律上虽还视为一家人，但财产的继承却分别进行。

"户绝"时女儿对家庭财产的承继，通常情形下，是有保障的。唐代大和年间《唐郑府君故夫人京兆杜氏墓志铭并序》载，杜氏亡后"殓葬之礼，裳帏之具，皆嗣女郑氏躬自营护焉"。[2] 女儿俨然是门户的继立者和财产的承袭者。

在"户绝"状态下，女儿虽拥有较为充分的财产继承权，但她们的权利并非绝对，还要受到法律和习俗的制约。

首先，中国古代的法律虽不允许尊长在有子孙时用遗嘱处分财产，但"户绝"的情形下可以遗嘱来处分财产。所以，上引唐代《丧葬令》所谓在室女在"户绝"的情形下可继承全部遗产的规定，

---

① 《唐律疏议》卷12《户婚》"子孙别籍异财"条疏议曰："若祖父母、父母处分，令子孙别籍者及以子孙妄继人后者，得徒二年……令异财者，明其无罪"（中华书局1983年版，第236页）。后世法律略同。

② 周绍良主编：《唐代墓志汇编》，上海古籍出版社1992年版，第2113页。

其前提是父母无遗嘱，"若亡人在日，自有遗嘱处分，证验分明者，不用此令。"这就意味着女儿的财产权受到父母遗嘱的限制，女儿的继承份额取决于父母的意愿，父母甚至可以将遗产不留给女儿而让其他亲属来继承。

这里就凸显出男女在承袭家产权利方面的巨大差别：法律不允许尊长在且有子孙时用遗嘱处分财产，财产必须由子孙来承继，说明男性后裔对于家产的继承权是绝对的，具有不可剥夺的特点；允许"户绝"的情形下用遗嘱来处分财产，说明女性后裔对于家产的继承权是相对的，可以被剥夺。

当然，女儿的财产权虽受到父母遗嘱的限制，有可能被剥夺。但从唐宋两代的遗嘱实例来看，尚未发现父母用遗嘱将财产留于外人而不给女儿的情况。相反，户绝之家的父母，唯恐死后女儿不能承袭家产，所以都留下遗嘱，让女儿来承袭家产，就是在有过继子的情况下，也会用遗嘱给女儿留下一定的财产。[1] 故女儿通过遗嘱的方式继承户绝财产，在唐宋两代，是常见的事情。如南宋时，"曾千钧亲生二女，兆一娘、兆二娘，过房曾文明之子秀郎为子，垂没，亲书遗嘱，标拨税钱八百钱与二女，当时千钧之妻吴氏、弟千乘、子秀郎并已签知，经县印押"。[2]

其次，受传统观念的影响，"户绝"之家一般要收养嗣子。一旦父母生前决定立嗣，也即所谓立继，按唐宋法律，立继之嗣子，视同亲子，家产便由嗣子来承继，女儿不再具有对家产的继承权。即使父母生前不立嗣子，也可能发生父母死后近亲尊长代立嗣子——

---

① 梁鹰：《唐宋时期女性财产权述论》，硕士学位论文，青海师范大学，2013 年。
② 《名公书判清明集》卷7《户婚门·女受分》"遗嘱与亲生女"条，中华书局1987年版，第237页。

所谓命继的情形。一旦发生此类情形，女儿的财产承继权也会受到很大影响。

按法律规定，出现命继，女儿虽仍能承袭家产，但需分出部分财产给命继者，也就是女儿与继子共同承袭户绝财产。宋代《户令》规定："诸已绝之家立继绝子孙（谓近亲尊长命继者），于绝家财产者，若止有在室诸女，即以全户四分之一给之；若又有归宗诸女，给五分之一；只有归宗诸女，依户绝法给外，即以其余减半给之，余没官。止有出嫁诸女者，即以全户三分为率，以二分与出嫁诸女均给，余一分没官。"① 命继子可女儿手中分走五分之一到三分之一的家产。关于户绝时命继子与女儿财产具体分割比例，本书上章"立嗣与继产"一节已有详论，不再赘述。

此外，还值得注意的是，到了中晚唐时期，亲女继承户绝遗产，有专指在室女之倾向，② 出嫁女承袭户绝财产的权利开始受到限制。唐开成元年（836年）七月五日，唐代曾专门颁布敕令：

自今以后，如百姓及诸色人死绝无男，空有女，已出嫁者，令文合得资产。期间如有心怀觊望，孝道不全，与夫合谋有所侵夺者，委所在长吏严加纠察，如有此色，不在给与之限。③

这一条文虽然是强调不能剥夺出嫁女承继娘家户绝财产权利的

① 《名公书判清明集》卷8《户婚门·立继》"命继与立继不同"条，中华书局1987年版，第267页。
② 李淑媛：《争财竞产：唐宋的家产与法律》，北京大学出版社2007年版，第160页。
③ 《宋刑统》卷12《户婚》"户绝资产"门引唐代敕令，法律出版社1999年版，第223页。

敕令，但它恰恰说明现实生活中的确存在限制甚至剥夺出嫁女承袭"户绝"财产的行为，故文宗专门颁布敕令，加以强调。但另外则进行了限制，若出嫁女有"心怀觊望，孝道不全，与夫合谋有所侵夺者"，不能继承家产。

到了宋代，对于户绝财产的承袭，已开始明确区分未嫁与出嫁，出嫁之女对娘家户绝财产的继承权明显下降。如唐代法令中，对于户绝财产，规定由女儿承袭，而不论女儿是否出嫁；至宋代，在室女、归宗女依旧可承袭全部户绝资产，但出嫁女承袭户绝财产的权利开始下降，按《宋刑统》卷12《户婚》"户绝资产"门："臣等参详：'请今后户绝者，所有店宅、畜产、资财，营葬功德之外，有出嫁女者，三分给与一分，其余并入官。'"①

按此规定，出嫁女只能承袭户绝资产的三分之一，其余没官。这一规定，据李淑媛女士考察，南宋时期仍在适用。如权邦彦死后无子，仅有一出嫁女，财产以三分之一与其女。②南宋中叶以后，更进一步下降，如系已绝之家，出嫁女三分给一分，至三千贯止。③但未嫁的在室女，规定可承袭全部的户绝资产，归宗女也视同在室女：

> 今后户绝者，所有店宅、畜产、资财，营葬功德之外……如有出嫁亲女被出……还归父母家后户绝者，并同在室女例。④

---

① 《宋刑统》卷12《户婚》"户绝资产"门，法律出版社1999年版，第222—223页。
② 李淑媛：《争财竞产：唐宋的家产与法律》，北京大学出版社2007年版，第169页。
③ 《宋会要辑稿·食货》61之64《民产杂录》"高宗绍兴二年九月二十二日"条，中华书局1957年影印本，第5904页下栏。
④ 《宋刑统》卷12《户婚》"户绝资产"门，法律出版社1999年版，第222—223页。

　　当然，在户绝家庭中，女性继承人需继立门户，一般多采取招婿入赘的办法。招婿入赘带来的问题之一就是赘婿是否可承袭妻家的家产。从法司判例来看，宋代已经允许赘婿承袭女方之家的遗产：

　　　　（绍兴）三十一年四月十九日，知涪州赵不倚言：契勘人户陈诉，户绝继养遗嘱所得财产虽各有定制，而所在理断间或偏于一端，是致词讼繁剧。且如甲之妻有所出一女，别无儿男，甲妻既亡，甲再娶，后妻抚养甲之女长成，招进舍赘婿，后来甲患危为无子遂将应有财产遗嘱与赘婿。甲既亡，甲妻却取甲之的（嫡？）侄为养子，致甲之赘婿执甲遗嘱与手疏与所养子争论甲之财产。其理断官司或有断令所养子承全财产者，或有断令赘婿依遗嘱管保财产者。①

　　赵不倚所谓"词讼繁剧"的说法，虽然是说女儿或者女婿与养子之间的财产争执中，官司断令不一。但也恰恰说明，户绝之人直接遗嘱给赘婿财产的情形，在宋代绝非个例。法司"断令赘婿依遗嘱管保财产者"的情形，说明女儿的财产权无论是在法律规定还是司法实践中，都是受到保护的，不得随意侵犯。赘婿的继承权实质上是依附于女儿继承权的一种特殊继承权，是女儿继承权在特定条件下的扩展与延伸。②

　　到了明清时期，法律规定"户绝财产，果无同宗应继之人，所

---

　　① 《宋会要辑稿·食货》61 之 65《民产杂录》"高宗绍兴三十一年四月十九日"条，中华书局 1957 年影印本，第 5906 页上栏。

　　② 梁鹰：《唐宋时期女性财产权述论》，硕士学位论文，青海师范大学，2013 年。

生亲女承受，无女者，听地方官详明上司，酌拨充公。"① 按此规定来看，"户绝"财产的继承顺序，"同宗应继之人"也就是嗣子已在女儿之前，表明女儿继承"户绝"财产权利的下降。

第二节　南宋"女合得男之半"分产法探究

一　问题的提出

中国古代的法律包括《宋刑统》在内，对于家产分析，一般规定为诸子均分，女儿无权参与析产，只有在"户绝"也即无子的时候，女儿方可承继家产。但在反映南宋时期司法判决的《名公书判清明集》中，有些案例却允许女儿在非"户绝"时也参与家产分割，只是份额为男子的一半。如周丙死后，留有遗腹子及已婚女儿细乙娘，因分产而发生纠纷，负责审理案件的刘克庄（后村）判曰："在法：'父母已亡，儿、女分产，女合得男之半。'遗腹之男，亦男也。周丙身后财产合作三分，遗腹子得二分，细乙娘得一分，如此分析，方合法意。"② 学界惯称为"女合得男之半"或"男二女一"分产法。当然，并非所有的女儿在分家时都可获得男性一半数额的财产，只有在室女（含归宗女）才可以按此条分得财产，出嫁女则不在其列。所谓"女合得男之半"，准确来说，应是"（在室）女合得男之半"。

说"女合得男之半"法不应适用于出嫁女，理由有二。

---

① 参见《大清律例》卷8《户律·户役》"卑幼私擅用财"条附例，法律出版社1999年版，第187页。

② 《名公书判清明集》卷8《户婚门·分析》"女婿不应中分妻家之财"条，中华书局1987年版，第277—278页。

第一，从《名公书判清明集》中所谓"在室女依子承父分法给半"①及"已嫁承分无明条，未嫁均给有定法"②等表述来看，出嫁女无权按此条分得财产。第二，有证据表明，自唐至宋，出嫁女对于娘家财产的继承权处于下降状态。如唐代法令中，对于户绝财产，规定由女儿承袭，而不论女儿是否出嫁；至宋代，在室女、归宗女依旧可承袭全部户绝资产，但出嫁女承袭户绝财产的权利开始下降，按《宋刑统》卷12《户婚》"户绝资产"门的规定只能承袭户绝资产的三分之一，其余没官。这一规定，据李淑媛女士考察，南宋时期仍在适用。如权邦彦死后无子，仅有一出嫁女，财产以三分之一与其女。③如果"女合得男之半"法也适用于出嫁女，在家有一儿一女时，已婚女儿在分家析产时也能得到三分之一的家产，岂不是说户绝与否对于女儿的继产权并不产生影响。故"女合得男之半"法不应适用于出嫁女。上举周丙案中的细乙娘，虽已成婚，但为招婿入赘，顶立父家门户，视同为在室女。

"女合得男之半"法是法史学界高度关注的问题之一。如果从20世纪50年代前辈学者仁井田升、滋贺秀三的争论算起，当代学者对于"女合得男之半"法的探讨，已逾六十年，就此问题发表专论的学者也不下二十人。④研究主要在法理辨析、价值判断的层面上展

---

① 《名公书判清明集》卷8《户婚门·检校》"侵用已检校财产论如擅支朝廷封桩物法"条，中华书局1987年版，第281—282页。

② 《名公书判清明集》卷7《户婚门·立继》"命继有据不为户绝"条，中华书局1987年版，第217页。

③ 李淑媛：《争财竞产：唐宋的家产与法律》，北京大学出版社2007年版，第169页。

④ 笔者所知涉及这一问题研究的国内外学者计有袁俐、李淑媛、柳立言、罗彤华、戴建国、郭东旭、邢铁、魏天安、张晓宇、宋东侠、楼菁晶、仁井田陞、滋贺秀三、岛田正郎、高桥芳郎、柳田节子、大泽正昭、青木敦、川村康、永田三枝、佐立治人、柏清韵、白凯、伊沛霞。围绕"女合得男之半"法进行的学术讨论及各家观点，柳立言先生作了较为详尽的概述，本书不再赘述。参见柳立言《宋代分产法"在室女合得男之半"新探》，载氏著《宋代的家庭和法律》，上海古籍出版社2008年版，第408—436页。

开，围绕着"女合得男之半"法是否违反家族财产法原理展开了热烈讨论，涉及中国古代家族法原理、家庭财产的权利主体、家产承继的性质、女性财产权利等重要问题。

有些学者认为"女合得男之半"法既违反了家族财产法原理，也与社会实际生活相冲突。如滋贺秀三先生认为，在中国古代，家产承继从来与祖先祭祀、宗祧继承联系在一起，故家族中承担祭祀、继嗣功能的男性成员才是财产的权利主体，女儿对于家产并没有必然性的权利；"女合得男之半"法规定给并非财产权主体的女儿分产，显然与家族财产法原理构成冲突。① 而在白凯女士看来，"女合得男之半"法与其他当时存在的关于女儿继承权的法律格格不入，给女儿分产，在女儿众多的家庭中，不仅会对父系家庭的生计造成灾难性的后果，也会影响到国家赋税的征收，南宋政府没有理由颁布这样的法律。② 邢铁先生也认为，在有亲生子的家庭中，如果规定给女儿分产，不仅有悖于传统的婚姻制度与家庭经济模式，事实上也无法操作。③ 故他们都质疑"女合得男之半"法的真实性，认为《名公书判清明集》中给女儿分产的判例，并非出自法律规定，不过是审判者刘克庄自己的解释或误用法条所致。

也有学者认为中国古代的家产分割与祭祀、宗祧关系并无必然联系，女儿也是家产的共有主体之一，给女儿分产并不违反家族法原理。唐宋法律中就有女儿在分家时获得"男娉财之半"的规定，

---

① ［日］滋贺秀三：《中国家族法原理》，张建国、李力译，法律出版社 2003 年版，第 95—97、353、362—364、370 页。

② ［美］白凯：《中国的妇女和财产：960—1949 年》，上海书店出版社 2003 年版，第 27—36 页。

③ 邢铁：《南宋女儿继承权考察——〈建昌县刘氏诉立嗣事〉再解读》，《中国史研究》2010 年第 1 期。

且在民间，尤其是江淮一带，给女儿分产的习俗或许由来已久。故
"女合得男之半"法的存在无可置疑，系南宋政府参酌江南旧习惯而
立的新法，反映了女性（在室女）财产权利的提高。[①]

若单纯按份额来讲，"女合得男之半"法并非是古代社会儿、女
分产时在室女获得家产的最高份额，南宋法律有儿、女分产时，在
室女得四分之三、子得四分之一的规定。[②] 但有趣的是，争论都围绕
着份额较低的"女合得男之半"法展开，对于份额更高的女儿得四
分之三家产的规定，却绝少争议，既无人质疑其违反家族法原理，
也没人视其为女性财产权利提高的标志。

究其原因，在于学者对以上两项给女儿分产法规的适用范围有不
同认识。对于女儿得四分之三家产的规定，大家都知道这只是适用于
"命继"这一特殊分家场合的特别法（规定），属于权宜之计，是家产
分割的变通或例外，自然不足以上升到家族法原理、女性财产权利的
高度来讨论。而对于"女合得男之半"法，论争双方将之看作适用于
各种分家场合的一般法（规定），具有普遍意义，争论由此而起。

那么，"女合得男之半"法是普遍适用的一般法（规定）吗？目
前尚无确凿证据可以证明这一点。从《名公书判清明集》所载相关案
例来看，其适用范围颇为模糊，特殊法或一般法，似乎都有证据：如刘

---

① 以上论点系综合各位学者论述而成。请分别参见 [日] 仁井田陞《中国法制史》，
牟发松译，上海古籍出版社 2011 年版，第 170 页；[日] 柳田节子《论南宋时期家产分割
中的"女承分"》，载杨一凡主编《中国法制史考证》丙编《日本学者考证中国法制史重
要成果选译·宋辽西夏元卷》，中国社会科学出版社 2003 年版，第 311、314 页；李淑媛
《争财竞产：唐宋的家产与法律》，北京大学出版社 2007 年版，第 192—193 页；柳立言
《宋代分产法"在室女得男之半"新探》，载氏著《宋代的家庭和法律》，上海古籍出版社
2008 年版，第 491—493 页。

② 参见《名公书判清明集》卷 8《户婚门·立继》"命继与立继不同（再判）"条，
中华书局 1987 年版，第 266—267 页。

克庄在判决前引周丙案时，将"父母已亡"作为适用前提，说明本法是有严格适用范围的特别法；但同样是刘克庄，在不属于父母双亡的田县丞财产分割案中（案情详后），也判定适用本法，似乎又是一般法。

故学界对于"女合得男之半"法到底是特别法（规定）还是一般法（规定），也莫衷一是。显然，现在就进行"女合得男之半"法是否违反家族法原理、是否标志着女性财产权提高一类的学理辨析或价值判断，为时尚早。

无论是因为与家族财产法原理相矛盾、与社会实际生活相冲突而否认"女合得男之半"法的存在，还是肯定"女合得男之半"法的存在并将之视为女性财产权利提高的标志，以上两种看法，其实都有一个逻辑前提，即"女合得男之半"法是适用于各种分家场合的一般法。如果它只是适用于特殊分家场合的特别法，就如同"命继"的场合给女儿分产的法条一样，只是出于特殊考虑的权宜之计，不仅与家族财产法原理及社会实际生活没有实质冲突，也不能视为女性财产权提高的标志。所以，"女合得男之半"法是否与家族财产法原理及社会实际生活相矛盾、冲突，是否是女性财产权提高的标志，关键点在于其适用范围。

在适用范围未厘清之前，所谓的学理辨析或价值判断，缺乏学术意义。现在更迫切的任务是加强基础研究，厘清本法的适用范围。

不重视基础研究，在"女合得男之半"法的研究中，表现得较为突出。学者在学理辨析与价值判断方面，可谓不惜笔墨，但在史料挖掘、史实考证等基础研究方面，投入却严重不足。不仅"女合得男之半"法的适用范围模糊不清，其法律来源、发展兴衰过程等问题，也迷雾重重。有鉴于此，以下拟在前人研究的基础上，依据南宋社会生活的实例，进一步探究"女合得男之半"法的适用范围，说明其究竟是一般法（规定）还是特别法（规定）。同时综合各种相关记载，探寻本法的来龙去脉，解释其法律来源以及南宋以后为何消失无踪等问题。不当之处，敬请指正。

二 适用范围：特别法还是一般法

在笔者看来，如果"女合得男之半"法是适用于各种分家析产场合的一般法，势必与同居共财制度构成冲突。同居共财是中国古代各朝家庭财产制度的基本原则，为保持其稳定性与持久性，法律不仅将终止共财关系的决定权授予家长，禁止子孙擅自别籍异财；而且将家产分析与婚姻关系脱钩，子孙成婚，既不能作为提出分家析产要求的理由，也不影响日后分产时所得份额。唯此，子孙不必在结婚时就要求分割家产，同居共财关系才能长久。而"女合得男之半"法却以婚姻为界限，只给未婚的在室女分产，无疑是鼓励女儿在未嫁前就提出分割家产的要求，因为一旦出嫁丧失了在室女的身份，即失去了参加娘家财产分割的资格。"女合得男之半"法岂不成为非常荒唐的规定吗？岂不是在教唆女儿破坏同居共财关系吗？

所以，南宋法律即便是有意要提升女儿的财产权，出于对同居共财稳定性的考虑，那也应该规定分产时女儿无论出嫁与否都可以"合得男之半"而非仅仅是"（在室）女合得男之半"。只有这样，女儿不必在婚前就提出分割财产的要求，同居共财关系才能长久，同居异财或别籍异财的现象才能减少。因此，"女合得男之半"法不大可能是一般法，只能是适用于特殊分产场合的特别法。这可以从南宋社会生活中的分产实例中得到印证。

不难想象，如果"女合得男之半"法是一般适用的分产法规，南宋就应该不乏疼爱女儿的父母在女儿出嫁前为她们分产的例证，至少在没有亲生子而只有继子的家庭中，父母多半会在亲生女出嫁前，按照"女合得男之半"之法为女儿先分割出一份财产。但在南宋的社会生活实例中，我们找不到父母按"女合得男之半"法给在室女分产的事例，[①] 哪怕是在只有继子与亲生女的场合。

如蒋叶氏育有一女归娘，另有一收养子蒋汝霖，归娘未出嫁时，蒋叶氏就将258硕田产分为三份："汝霖得谷一百七十硕，叶氏亲生女归娘得谷三十一硕随嫁，叶氏自收谷五十七硕养老。"后来叶氏欲将57硕养老田遗嘱与归娘，遭到蒋汝霖的反对，告上官府，审理此案的翁浩堂裁定叶氏无权将57硕养老田遗嘱与归娘，改由蒋汝霖承继。[②] 叶氏在财产分割上照顾亲生女的意图非常明显，但正如学者所质疑的那样，她为何在一开始分产时不给女儿多分一些呢？[③] 分产时，归娘尚未出嫁，按照"在室女合得男之半"，可分得258硕田产的三分之一，约合86硕。叶氏的做法令人费解。[④]

---

① 柳立言先生认为南宋时期民间有按照"女合得男之半"法分产的实例，他举了两个例子：一是叶氏给亲生女归娘与继子蒋汝霖分产的案例，二是徐氏与继子、亲生子分产的案例（参见柳立言《宋代分产法"在室女得男之半"新探》，载氏著《宋代的家庭和法律》，上海古籍出版社2008年版，第477—479页）。其实，叶氏之例，似是而非，详见下文分析；徐氏之例，则完全不能作为按照"女合得男之半"法分产的例证，甚至也不能作为给女儿分产的例证。为节省篇幅，本书不再详述，请读者自行参阅《名公书判清明集》卷9《户婚门·违法交易》"已出嫁母卖其子物业"条，中华书局1987年版，第296—297页。

② 《名公书判清明集》卷5《户婚门·争业类下》"继母将养老田遗嘱与亲生女"条，中华书局1987年版，第141—142页。

③ 戴建国：《唐宋变革时期的法律与社会》，上海古籍出版社2010年版，第378页。

④ 有学者认为叶氏与女儿所得（88硕）大约是258硕田产的三分之一，叶氏实际上是按照二女一比例为养子和亲生女分产的，只是女儿要出嫁，寡母不能依女为生，只好把所得三分之一再分为嫁资和养老田（参见柳立言《宋代分产法"在室女得男之半"新探》，载氏著《宋代的家庭和法律》，上海古籍出版社2008年版，第479页）。这样的解释过于勉强。养子蒋汝霖分得田产大半（170硕），有义务为养母养老送终；蒋汝霖若不赡养叶氏，她是完全可以废除蒋汝霖养子身份的。叶氏手握170硕田产，不愁找不到孝顺赡养她的养子，叶氏没有必要给自己留养老田。退而言之，就算叶氏一定要给自己留养老田，也完全可以从养子的份额中扣除，不必牺牲亲生女的份额。

又如郑应辰家有田 3000 亩、库 10 座，只有亲生二女（孝纯、孝德），故抱养孝先为嗣子。郑应辰死时，二女业已出嫁，[①] 应辰遗嘱将绝大部分财产都留给了养子孝先，只给二女田各 130 亩、库 1 座。不料孝先以养父遗嘱不合法为由，告到官府。最初审理此案的县丞认定遗嘱非法，判由孝先承袭全部家业。后来范应铃（西堂）接手此案，认为孝先"身为养子，承受田亩三千，而所拨不过二百六十，遗嘱之是非何必辩也"。[②] 于是，法外开恩，判定按原遗嘱执行。郑应辰用遗嘱方式为亲生女分产的方式相当危险，若非范西堂法外开恩，家产将全部落入养子手中。若在室女分产时即可得男子一半的财产，郑应辰为何不在女儿未出嫁时，就为她们分产呢？

与之类似的还有曾千钧例。曾千钧有亲生二女（兆一娘、兆二娘），因无子而立曾文明之子秀郎为继子，二女已出嫁。曾千钧临终前，征得秀郎等人同意，遗嘱拨税钱 800 文与二女。但曾千钧死后，曾文明与秀郎诉遗嘱为伪，意欲全部吞并曾千钧遗产。幸审理者认定遗嘱为真，命按遗嘱执行，因兆一娘近日去世，由其夫婿朱新恩之家承继。[③] 与郑应辰一样，曾千钧用遗嘱方式为亲生女分产的方式非常不明智，若在室女分产时即可得男子一半的财产，为何不在女儿未出嫁时，就为她们分产呢？[④]

---

① 郑应辰二女的身份是出嫁女还是在室女，判文中并未明言，综合各种情形来看，二女业已出嫁。详论请参见本章下节。

② 《名公书判清明集》卷 8《户婚门·遗嘱》"女合承分"条，中华书局 1987 年版，第 291 页。

③ 《名公书判清明集》卷 7《户婚门·女受分》"遗嘱与亲生女"条，中华书局 1987 年版，第 237—238 页。

④ 在有继子的场合，生前不为亲生女分产的事例，除了叶氏、郑应辰、曾千钧之外，尚有吴琛之例。吴琛有四女（二十四娘、二十五娘、二十七娘、二十八娘）和一抱养子（二十六郎吴有龙），吴琛生前也未为继子和亲生女分产，于是在他死后发生了分产纠纷（《名公书判清明集》卷 7《户婚门·立继》"立继有据不为户绝"条，中华书局 1987 年版，第 215—217 页）。

叶氏、郑应辰、曾千钧等人"无视""女合得男之半"分产法的存在，是他（她）们不熟悉法律，不知晓有此规定吗？如果本法是适用于各种分产场合的一般法，自然事关千家万户，应该成为法律常识才对，三人及亲属都不知晓这一规定，未免说不过去。合理的解释是，"女合得男之半"分产法只适用于特殊情形下的财产分割，叶氏、郑应辰、曾千钧等人的情形不在适用之列。

已有不少学者指出"女合得男之半"是特别法（规定）。戴建国、张晓宇认为是某个特定地区实行的继承法或为地方级法令；① 魏天安认为只适用于招赘之女与孤幼子或招赘之女与后立养子之间的分产；② 永田三枝认为该法只适用于无父母（母身份限正妻）、家无成年男子或女儿父家硕果仅存者之场合；③ 高桥芳郎认为是为父母双亡、无依无靠的未婚女子而"设置的法律的、社会政策性的对应措施"；④ 罗彤华认为是考虑孤幼生活所设计出的财产分配法，适用于有子有女且其中有孤幼者，应视为子承父分法的补充法，具有特别法的性质。⑤

---

① 戴建国：《唐宋变革时期的法律与社会》，上海古籍出版社 2010 年版，第 388 页；张晓宇：《奁中物——宋代在室女财产权的形态与意义》，江苏教育出版社 2008 年版，第 95 页。

② 魏天安：《宋代财产继承法之"女合得男之半"辨析》，《云南社会科学》2008 年第 6 期。

③ ［日］永田三枝：《南宋期における女子の财产权について》，《北大史学》1991 年第 31 辑；转引自李淑媛《争财竞产：唐宋的家产与法律》，北京大学出版社 2007 年版，第 188 页。

④ ［日］高桥芳郎：《"父母已亡"女儿的继承地位——论南宋时期的所谓女子财产权》，载杨一凡主编《中国法制史考证》丙编《日本学者考证中国法制史重要成果选译·宋辽西夏元卷》，中国社会科学出版社 2003 年版，第 341 页。高桥芳郎先生后又认为适用这条法律的要件是：父母双亡后，分家（即分割家产）之际，如果只能继承家产的男性是尚未成年者，这个时候则男女按 2：1 的比例均可分得家产。这条法律条文的成立，只是着重于未成年男子的生命保护和财产保全，并非单纯地按一定比率让女子继承家产为主要目的。参见［日］高桥芳郎《再论南宋"儿女分产法"》，《法制史研究》2008 年第 13 期。

⑤ 罗彤华：《宋代的孤幼检校政策及其执行——兼论南宋的"女合得男之半"》，《中华文史论丛》2011 年第 4 期。

结合上举叶氏、郑应辰、曾千钧等人事例及本节开篇所引刘克庄所谓"父母已亡，儿、女分产，女合得男之半"的判词来看，永田三枝、高桥芳郎和罗彤华三位先生的观点，最值得重视。我个人倾向于他们的看法，认为"女合得男之半"法是为照顾未婚幼女而特别设置，仅适用于特殊情形，即分割财产时父母双亡而有未出嫁的在室女。此时，因缺乏父母的保护，未婚幼女的生活费用需要另行划拨出来，故有"女合得男之半"法。父母健在而分产，虽有在室女，但她的生活及出嫁费用，完全可以由父母来负责，并不适用此法。这也解释了叶氏、郑应辰、曾千钧为何不在生前用此条法规来为自己女儿争取权益的疑问，他（她）们不是不想而是不能，除非耽误女儿的婚嫁，一直让她们保持在室女的身份，女儿在自己死后，才能适用"女合得男之半"法。

但在田县丞财产分割案中，自称田县丞之妻（实际是妾）的刘氏尚在人世，不属于父母双亡，审判者刘克庄却还是按"女合得男之半"法给刘氏的两个女儿分产。[①] 似乎此法也适用于父母健在时的分产场合。

可能是受到此案的影响，有学者认为前引刘克庄判词中的"父母已亡"，只是一般性地泛指父母死亡后儿女分产或指儿女分产多发生于父母死亡之后，并非是给"女合得男之半"法设置适用前提。[②] 言外之意是说"女合得男之半"法是普遍适用的一般性法规。

---

① 参见《名公书判清明集》卷8《户婚门·立继》"继绝子孙止得财产四分之一"条，中华书局1987年版，第251—257页；《后村先生大全集》卷193《建昌县刘氏诉立嗣事》，四部丛刊本。刘克庄是如何为各人划分财产份额的，复杂难懂，柳立言先生有详尽的解读，参见氏著《妾侍对上通仕：剖析南宋继承案〈建昌县刘氏诉立嗣事〉》，《中国史研究》2012年第2期。

② 柳立言：《宋代分产法"在室女得男之半"新探》，载氏著《宋代的家庭和法律》，上海古籍出版社2008年版，第419、464—465页。

其实，如果仔细研读田县丞财产分割案，就会发现，此案不仅不能证明"女合得男之半"法是普遍适用的一般性规定，反而可以证明本法是有着严格适用范围的特殊性规定。

田县丞生前有抱养子世光（登仕），并与妾刘氏生有一子（珍珍或珍郎）两女，均未成年；世光与妾秋菊也生有二女。不久县丞和世光先后去世，刘氏与秋菊共同生活，家业由刘氏掌管。田县丞胞弟田通仕不满刘氏独掌县丞家产，欲以己子世德入继为世光嗣子，以便"中分县丞之业"。

此案的判决历经周折。前两位审理者认为世德为世光之弟，昭穆不合，不应为嗣，故判县丞家业仍听刘氏掌管。后案件由刘克庄接手，认为世俗也有以弟为子者，通仕之子可以入继为嗣。当然，为世光立嗣，并非一定要分家，嗣子世德可以与刘氏、秋菊一起生活。但刘克庄觉得通仕、世德父子与刘氏、秋菊争讼日久，一起生活，难免不合，且刘氏、秋菊之间以后也易产生财产纠纷。为避免日后争讼，决定要为他（她）们分家析产。于是，刘克庄将县丞家产均分给世光、珍郎，世光之份再由其亲女和继子世德按命继法分割；至于刘氏亲生二女，因不属于父母双亡，按规定不能参加分产。

其实，是否分产应由尊长来决定，官府无权强行分产。刘克庄想让刘氏同意分产，须作出有利于她的判决。然而，刘克庄的分法，虽符合法律规定，却等于从刘氏手中分走一半的家产，刘氏自然不会同意分产。为了让刘氏同意分产，刘克庄于是作了变通，按父母已亡的情形让县丞二女也参与分产，"将县丞浮财、田产，并作三大分均分，登仕、珍郎各得一分，二女共得一分"①。刘氏这才同意分

① 《名公书判清明集》卷8《户婚门·立继》"继绝子孙止得财产四分之一"条，中华书局1987年版，第255页。

产。可见，给刘氏二女分产，只是刘克庄为解决纠纷采取的权宜之计，是为说服刘氏同意分产而付出的代价，不能证明父母健在时的分产也可以适用"女合得男之半"法。

当然，按照刘克庄自己的说法，自己两次所判，之所以前后不同，是因为"前此所判，未知刘氏亦有二女"，意思是说，如果前次判决时知道县丞与刘氏还有两个在室女的话，也会让她们参与分产。

笔者认为，刘克庄所谓前判时"未知刘氏亦有二女"的说法并不可信。这是一件财产分割案件，作为审理者，刘克庄既然认为女儿也可参与分产，最起码应该查清刘氏有没有女儿，在不认真核查有多少分产当事人的情形下，就贸然分产，也太缺乏专业素养了吧！

仔细阅读刘克庄判词，就会发现，在他接手此案后，就"因见田氏尊长铃辖家书数纸"，家书"云登仕与珍郎自是两分，又云登仕二女使谁抬举；又云刘氏后生妇女，今被鼓动出官，浮财用尽，必是卖产，一男二女断然流下"①。这里"登仕二女"及刘氏"一男二女"均已出现。说明刘克庄一开始就知道刘氏还有二女，只是按法规，父母在世，二女不能参与分产；因刘氏不同意分产，刘克庄就变通让二女也参与分产。所谓"未知刘氏亦有二女"，只是为改判找的托词与借口，并非真的不知。

至于刘克庄判词中"父母已亡"的具体含义，我们坚持认为是适用"女合得男之半"法的前提条件，指父母双亡后的分家析产，才可以适用本法。之所以设置这样的前提条件，是因为父母双亡的析产，所有家产，皆按照诸子均分的原则被分割完毕，在室女的生

---

① 《名公书判清明集》卷8《户婚门·立继》"继绝子孙止得财产四分之一"条，中华书局1987年版，第252页。

活费用难有着落，故必须专门规定给在室女分产，为她们保留一定份额的生活费用。而父母健在时的分产，则不必有这样的顾虑。父母只要在分产时对诸子一视同仁、公平分配，不存亲疏之心、厚此薄彼，遵循诸子均分的原则，就完成了法律义务。至于将多少家产拿出来分配给诸子，自己留下多少，完全由父母自行决定，子孙对此不得有任何异议。家中如有未嫁在室女，父母在分产时，完全可以预留出女儿的生活费用，无须法律来作强制规定。

父母双亡、家有幼女之家虽可以按照"女合得男之半"法来给在室女分产，然而符合这一条件的家庭，出于家族伦理的考虑，大多不会选择分家析产。因为父母双亡之后，幼女所需的不仅仅是生活费用，更需要抚养教诲。故家有成年兄长或近亲尊长，一般不会分家析产，让幼女独立生活，而是继续同居共财，行抚养教诲之责。如张文更父母已亡，弟、妹皆未及十岁，但张文更年已三十，有能力抚养弟、妹，故没有分家，而是由"张文更主掌乃父财产，抚养弟妹"①。又如魏景宣死后留有前妻子魏汝楫、后妻赵氏及幼女荣姐，后来赵氏改嫁，幼女荣姐等同于父母双亡，但由于魏景宣兄弟并未分产，其伯父没有按"女合得男之半"法给荣姐分产，而是选择继续同居共财，将荣姐抚养成人。②

大概只有一些特殊家庭，如家有赘婿或继子者，因家庭关系复杂或财产纠纷较为突出，才会在父母双亡、家有幼女时，放弃同居共财而选择分家析产。故此法在社会生活中的实际适用，应该

① 《名公书判清明集》卷7《户婚门·检校》"不当检校而求检校"条，中华书局1987年版，第228页。
② 《名公书判清明集》卷9《户婚门·接脚夫》"已嫁妻欲据前夫屋业"条，中华书局1987年版，第353—356页。

极为有限。

总之,"女合得男之半"是特别法(规定)而非一般法(规定),为照顾幼弱而特别设计,只适用于父母双亡、家有幼女而又必须分家析产的场合,确保未婚幼女在父母双亡后的分家析产行为中得到一定份额的生活费用。本法适用范围极其有限,对家族财产制度并未构成实质性威胁,不必将"女合得男之半"法看作是异类而加以否定;当然也不能将之视为女性财产权利提高的标志。

三 法律来源: 新规还是旧法

在一些学者看来,"女合得男之半"法系南宋政府参酌江南习惯而制定的新规,① 既非承之于前朝,也未传之于后世。如果一定要说与前朝有渊源关系,那就是北宋真宗咸平二年(999)张咏(乖崖)的判例为新法的形成提供了参考。

张咏知杭州府时,"有民家子与姊婿(婿)讼家财。婿言妻父临终,此子裁三岁,故见命掌赀产;且有遗书,令异日以十之三与子,余七与婿。咏览之,索酒酹地曰:'汝妻父,智人也,以子幼故托汝。苟以七与子,则子死汝手矣。'亟命以七给其子,余三给婿,人皆服其明断。"② 张咏所断,大体上虽相当于"女合得男之半",但并非法律规定,只是酌情而判;到了南宋,张咏的判例多被引用,

---

① 这一看法最早由仁井田陞先生提出,参见 [日] 仁井田陞《中国法制史研究·奴隶农奴法、家族村落法》,东京大学出版会 1963 年版,第 365—392 页;其后,有不少拥护者,如 [日] 柳田节子《论南宋时期家产分割中的"女承分"》,载杨一凡主编《中国法制史考证》丙编《日本学者考证中国法制史重要成果选译·宋辽西夏元卷》,中国社会科学出版社 2003 年版,第 296—315 页;李淑媛《争财竞产:唐宋的家产与法律》,北京大学出版社 2007 年版,第 187—195 页。

② 《宋史》卷 293《张咏传》,中华书局 1977 年版,第 9802 页。

逐渐成为正式法条。①

其实，"女合得男之半"并非南宋新法，唐代及北宋的《户令》应分条中，已有女得男之半的规定：

> 诸应分田宅及财物，兄弟均分……兄弟亡者，子承父分。兄弟俱亡，则诸子均分；其未娶妻者，别与娉财。姑姊妹在室者，减男娉财之半。寡妻妾无男者，承夫分；若夫兄弟皆亡，同一子之分。②

按照以上的规定，分产时兄弟均分，兄弟亡则子承父分；无子而妻在，妻承夫分；兄弟俱亡或夫妻双亡（也即父母双亡），则诸子均分，其未娶妻者给娉财，在室女减男娉财之半。也就是说，父母双亡后的分家析产，未娶妻者给娉财，在室女则能得到相当于"男娉财之半"的财产。从一定意义上说，这也是一种"女合得男之半"分产法，只是女儿得到的不是儿子所分得所有财产的一半而仅仅是娉财的一半。

当然，女儿得男娉财之半与得男之半，虽然比例上都符合男二女一，但两者悬殊，似乎没有直接关系。③ 但日本学者佐立治人发

---

① 袁俐：《南宋女性财产权述论》，载《宋史研究集刊》第 2 集（《探索》杂志增刊），1988 年，第 279 页；柳立言：《宋代分产法"在室女得男之半"新探》，载氏著《宋代的家庭和法律》，上海古籍出版社 2008 年版，第 455 页；罗彤华：《宋代的孤幼检校政策及其执行——兼论南宋的"女合得男之半"》，《中华文史论丛》2011 年第 4 期。

② 《宋刑统》卷 12《户婚》"卑幼私用财"门引唐代《户令》，法律出版社 1999 年版，第 221—222 页；［日］仁井田陞：《唐令拾遗·户令》，东京大学出版会 1983 年版，第 245—246 页。

③ 学人一般也不认为唐代女得男娉财之半是南宋女得男之半的渊源，如柳立言先生就认为南宋时女儿得男娉财之半与得男之半是同时并行的法规。参见柳立言《宋代分产法"在室女得男之半"新探》，载氏著《宋代的家庭和法律》，上海古籍出版社 2008 年版，第 458 页。

现，源于《唐令》的日本《养老令》中，所谓"姑姊妹在室者，减男娉财之半"却作"姑姐妹在室者，各减男子之半"，由此认为《唐令》"减男娉财之半"中的"娉财"二字系衍字或后人加笔，应为"姑姊妹在室者，减男之半"，意为在室女分家时可获得男子一半的财产。所以，南宋的"在室女合得男之半"并非首创，而是《宋刑统》所载户令的规定或是延续该规定的法律。①

佐立治人先生的推论的确很有道理。唐及北宋《户令》关于在室女的分产标准有些不合常理，其动机令人难以捉摸。以男子娉财数为标准给在室女分产，自然会联想到分给女儿的是嫁资一类的结婚费用。

但若理解为嫁资，至少有两个疑问：首先，一般而言，娉财是必需的而嫁资并非必须，即使一定要礼尚往来——有娉财必须也得有嫁资，但通常情形下，嫁女所获娉财数量肯定多于所陪嫁资，嫁资完全可以由娉财折充，没有必要专门规定嫁资费用。其次，父母已亡情况下，在室幼女最先要解决的是生活费而非嫁资，为什么只给嫁资而不考虑更重要的生活费呢？所以，给在室幼女分产，"减男之半"比"减男娉财之半"的标准，要合理得多。佐立治人先生的推论不容小觑。

有学者认为，日本《养老令》在不少要紧的地方修改了唐令，不能以日本令来反推唐宋令的内容。故佐立治人的推论，难以成立。② 即便如此，我们仍可以从其他典籍中找到唐代已存在"女合得男之半"分产法的直接证据。《唐六典·户部·郎中员外郎》"凡食

---

① ［日］佐立治人：《唐戸令応分条の復元条文に対する疑问——南宋の女子分法をめぐる议论との关连で》，《京都学园法学》1999 年第 1 号。

② 柳立言：《宋代分产法"在室女得男之半"新探》，载氏著《宋代的家庭和法律》，上海古籍出版社 2008 年版，第 480 页。

封皆传于子孙"条下注曰：

　　食封人身没以后，所封物随其男数为分，承嫡者加与一分。若子亡者，即男承父分；寡妻无男，承夫分。若非承嫡房，至玄孙即不在分限，其封物总入承嫡房，一依上法为分。其非承嫡房，每至玄孙，准前停。其应得分房无男，有女在室者，准当房分得数与半，女虽多，更不加；虽有男，其姑、姊、妹在室者，亦三分减男之二。①

　　上引文也见于《册府元龟》与《唐会要》，对照三书所引文，内容相同，应是同一条法令，只是《册府元龟》与《唐会要》所载较为简略，称为"《户部式》节文"。② 按此，上引《唐六典》所载可能是未经删节的唐《户部式》原文。

　　唐代法律有律、令、格、式等形式，其中"式"是"令"的配套法律，是对令的补充与细化；唐令中经常可以看见"依式"的规定，即可证明这一点。③ 按此，《唐六典》所谓"凡食封皆传于子孙"似为令文，以下即是"式"对于食封如何传于子孙的细则规定。

　　按照上引《户部式》细则，食封的传承为"随其男数为分"，即兄

----

　　① 《唐六典》卷3《户部》"郎中员外郎"条注，陈仲夫点校，中华书局1992年版，第79页。

　　② 《册府元龟》卷506《邦计部·俸禄二》："（天宝）六载三月，户部奏：'又准《户部式》节文，诸食封人身殁已后，所得封物，随其男数为分，承嫡者加一分；至玄孙即不在分限，其封总入承嫡房，一依上法为分者。'如此则玄孙请物比于嫡男，计数之间多较数倍，举轻明重，理实未通。望请至玄孙已下，准玄孙直下一房许依令式，余并请停。惟享祭一分，百代不易，自无争竞，永赐勋庸无替。"中华书局1960年影印本，第6072页；《唐会要》卷90《缘封杂记》略同，中华书局1955年版，第1645—1646页。

　　③ 参见黄正建主编《〈天圣令〉与唐宋制度研究》，中国社会科学出版社2011年版，第35—39页。

弟均分；兄弟亡则子承父分；无子而妻在，妻承夫分；兄弟夫妻双亡（也即父母双亡）无子而仅有在室女者，"准当房分得数与半"；若兄弟夫妻双亡有子但也有在室女时，食封"亦三分减男之二"，中间或许缺漏"女"字，应为"亦三分，（女）减男之二"，意思是食封分为三份，子二份，在室女则"减男之二"，即分得一份。或者"亦三分减男之二"为"亦减男三分之二"之误，即子分得三分之二，在室女分得三分之一。

以上的规定实际上包含了两个"女合得男之半"或"男二女一"分产法。

1. 父母双亡之应分得房无子仅有在室女者，可分得本房应分得数额的一半，由于兄弟亡而有子时承袭的是本房的全部份额，在室女只分得本房应分得数额的一半，即是"女合得男之半"。

2. 父母双亡之应分得房有子也有在室女时，子、女都参加分产，其中，在室女的份额是"三分减男之二"，即男得三分之二，女得三分之一，也是"女合得男之半"。

以上两个"女合得男之半"分产法，适用的前提都是父母已亡，适用对象为在室女，目的在于保障在室幼女的生活所需。但需要注意的是，第一个"女合得男之半"法的前提为有女无子，只适用于三代以上同居团体的代位承分，在一个两代人的同居团体中，有女无子即构成"户绝"，若父母死亡，财产尽归在室女。第二个"女合得男之半"法的前提为有子有女，无论是三代以上同居团体的代位承分还是只有两代人家庭父母双亡后的分产，未婚女儿都可以按兄弟份额的一半来分产。

食封是对宗室及功臣的赏赐，"皆以课户充准户数"，[1] 课户不向国家而向封家缴纳租税。食封与普通家产有别，由身份而得，故

----

① 《唐六典》卷3《户部》"郎中员外郎"条，陈仲夫点校，中华书局1992年版，第78页。

传承时"承嫡者加与一分"。即便是这样象征父系家族身份的财产，在进行分配时，也要分给幼女一份，那么，普通家产的承继，则更不会排斥在室幼女的财产份额。

尽管由于资料的缺乏，我们现在还找不到唐代父母双亡后给在室女分产的确凿实例。但从敦煌析产文书来看，给在室女分产的可能性，还是非常大的。如最近公布于世的编号为羽53的唐天复八年（908年）《吴安君分家契》中，疑为在室女的阿师，析产时分得"新买地十亩，银盏一只。"① 编号为S6537的《慈父遗书一道（样式）》中，"长男厶甲，次男厶甲，某女"依次被列为财产分割人。② 这或许能从一个侧面证明唐代父母双亡后的析产中，不排斥未婚在室女的承继权。所以，我们有理由相信，"女合得男之半"，不仅仅是食封的分配规则，也应是家产传承的一般性原则。

对照《名公书判清明集》所见涉及"女合得男之半"分产法的条文，与唐《户部式》的规定并无二致：

1. 在室女依子承父分法给半。③

2. 父母已亡，儿、女分产，女合得男之半。④

3. 使登仕尚存，合与珍郎均分，二女各合得男之半。今登

---

① 《吴安君分家契》图版及释文请参见［日］山口正晃《羽53〈吴安君分家契〉——围绕家产继承的一个事例》，载中国政法大学法律古籍整理研究所编《中国古代法律文献研究》第6辑，社会科学文献出版社2012年版，第252—257页。

② 唐耕耦、陆宏基：《敦煌社会经济文献真迹释录》第2辑，全国图书馆文献微缩复制中心1990年版，第182页。

③ 《名公书判清明集》卷8《户婚门·检校》"侵用已检校财产论如擅支朝廷封桩物法"条，中华书局1987年版，第281—282页。

④ 《名公书判清明集》卷8《户婚门·分析》"女婿不应中分妻家之财"条，中华书局1987年版，第277页。

仕既死，止得依诸子均分之法：县丞二女合与珍郎共承父分，十分之中，珍郎得五分，以五分均给二女。①

上列第1条，是胡颖（石壁）对曾士（仕）殊财产纠纷案的判词。曾士（仕）殊与兄弟曾仕珍、曾仕亮同居共财，无子而只有女曾二姑。曾二姑出嫁后，要求分其父仕殊财产，胡石壁以"在室女依子承父分法给半"为据，判曾二姑承袭仕殊应分得家产的一半。判词中所谓"在室女依子承父分法给半"与前引唐《户部式》"其应得分房无男，有女在室者，准当房分得数与半"之法，完全可以相互对应。

需要专门说明的是，应得分房无子、在室女依子承父分法给半，不同于户绝法。户绝财产按唐宋法律尽给在室女，隶属于同一户籍的三代以上的同居大家庭，如各房财产已经分立，某房无后，可以依照户绝法将财产尽给其女。② 就是说，户绝是指一户（家）无后，在数代同居的大家庭中，某一房无后并不能称户绝，其应分得财产也不按户绝法尽给其女，而以女承父分法给半。曾仕殊与兄弟并未分产，③ 不适用户绝法，故胡石壁判曾二姑承袭仕殊一房应分得家产

---

① 《名公书判清明集》卷8《户婚门·立继》"继绝子孙止得财产四分之一"条，中华书局1987年版，第255页。

② 《宋刑统》卷12《户婚》"户绝资产"门引唐代《丧葬令》，第222—223页。

③ 戴建国先生认为，从案情分析，曾氏三兄弟已经分产分籍，并非同居共财，理由有二：一是判词中提到曾仕殊户绝；二是判词中提到曾仕殊死后财产被检校，而检校应当是检校已独立成户者的家产（参见戴建国《唐宋变革时期的法律与社会》，上海古籍出版社2010年版，第381页）。戴先生的质疑的确有道理。判词中户绝的说法的确是个问题，有可能审判者没有在严格意义上使用户绝一词；或如柳立言先生的看法，一个同居共财大家庭中，某一房无后一定意义上也可称为户绝（柳立言：《南宋在室女分产权探疑：史料解读及研究方法》，载《史语所集刊》第八十三本第三分，2013年，第488—489页）。故判词中的户绝只是指曾仕殊一房无后，或许不能作为曾氏三兄弟已经分产分籍的证据。至于判词中的检校，戴先生认为检校的是曾仕殊的个人财产，但从案情来看，我们认为检校的是曾氏三兄弟的共产，因为家内出现财产纠纷需要分产，而由官府检校（清点、核查）财产。综合各种因素，本书倾向于曾氏三兄弟同属一个同居共财的大家庭。

的一半；而曾仕殊"私房置到产业，合照户绝法尽给曾二姑"①。

第2条是刘克庄裁决周丙财产纠纷案（案情见本章）的判词，与唐《户部式》"（女）减男之二"法吻合。第3条是刘克庄裁决田县丞财产纠纷案（案情详本章）的判词，意思同第2条，只是说的有些复杂，区分了兄弟分产和兄弟亡后子承父分两种情况下的"女合得男之半"法：如果登仕尚存，田县丞的财产由登仕与珍郎兄弟均分，县丞二女各合得男之半。今登仕已死，就参照《户令》"兄弟俱亡则诸子均分"之法，县丞子女与登仕子女共同参与分产，其中，县丞二女与珍郎共承一份，②他们之间再按"男二女一"的比例来分，珍郎得一半，二女合得一半。

以上3条南宋判例集中所谓"女合得男之半"法，与唐《户部式》的规定完全相同，我们有理由认为此法并非南宋首创，而是承继于前朝法律。但《名公书判清明集》中另外两条与"男二女一"分产法相关的条文，似乎对上述结论构成了挑战：

4. 已嫁承分无明条，未嫁均给有定法，诸分财产，未娶者与娉财，姑姊妹在室及归宗者给嫁资，未及嫁者则别给财产，

---

① 《名公书判清明集》卷8《户婚门·检校》"侵用已检校财产论如擅支朝廷封桩物法"条，中华书局1987年版，第282页。
② 刘克庄将县丞财产分成了两份，县丞二女合与珍郎合得一份、登仕二女与世德合得一份，总体上违反了"男二女一"法。因为县丞财产按"男二女一"法，应该登仕、珍郎各得一份，县丞二女共得一份，但按刘克庄现在的办法，珍郎与县丞二女才共得一份，而登仕一人就占了一份。之所以这样分，是因为这里所分仅仅是县丞名下的不动产（田产），动产（浮财）不在其列。动产部分，刘克庄全部判给了珍郎与二女，作为补偿："以法言之，合将县丞浮财、田产，并作三大分均分，登仕、珍郎各得一分，二女共得一分。但县丞一生浮财笼箧，既是刘氏收掌，若官司逐一根索检校，恐刘氏母子不肯赍出，两讼纷拏，必至破家而后已。所以今来所断，止用诸子均分之法，而浮财一项，并不在检校分张之数，可以保家息讼。"又说："以法论之，则刘氏一子二女，合得田产三分之二，今止对分，余以浮财准折，可谓极天下之公平矣"（《名公书判清明集》卷8《户婚门·立继》"继绝子孙止得财产四分之一"条，中华书局1987年版，第255—256页）。所以，县丞的财产总体上还是在其子女间按"男二女一"的比例来划分的。

不得过嫁资之数。①

    5. 若以他郡均分之例处之，二女与养子各合受其半。②

    第 4 条是司法参军对吴琛死后其继子与亲生女分产纠纷的判词。分产时不给出嫁女而只给在室女的规定，基本原则同于唐《户部式》，应该看成是唐代法律的继续。但将姑姊妹分为在室（包括归宗）和未及嫁者两类，并分别给予嫁资和财产，又与唐代不同，似乎很难看成是唐律的继续。

    那么，是南宋还有其他给在室女的分产法条吗？柳立言先生认为此条实际上就是《宋刑统》中按男子娉财之半给予在室女嫁资的法条，只是经过了修订，在室女的嫁资份额上升到男子娉财的全额，且以及笄之年（十三岁）为界，十三岁以上所得一律称嫁资，十三岁以下所得泛称财产。③

    这当然是一种解释。但问题是，同是给在室女分产的法令，既有"得男之半"的标准，又有男子娉财之数的标准，两个标准并行，岂非相互矛盾？柳立言先生认为两个标准可并行不悖，各应用于不同场合：按男子娉财数给在室女分产适用于有娉财先例的兄弟姐妹的分产场合，按男子一半给在室女分产适用于没有娉财先例的分产场合。④ 但按两个标准给在室女分产，财产数量上肯定有差异，通常

---

    ① 《名公书判清明集》卷 7《户婚门·立继》"命继有据不为户绝"条，中华书局1987 年版，第 217 页。

    ② 《名公书判清明集》卷 8《户婚门·遗嘱》"女合承分"条，中华书局 1987 年版，第 290—291 页。

    ③ 柳立言：《宋代分产法"在室女得男之半"新探》，载氏著《宋代的家庭和法律》，上海古籍出版社 2008 年版，第 461—462 页。

    ④ 柳立言：《宋代分产法"在室女得男之半"新探》，载氏著《宋代的家庭和法律》，上海古籍出版社 2008 年版，第 473 页。

情况下，按男子娉财数所获数量会少于按男子一半标准所获得的数量。那么，在有娉财先例的分产场合，如果未婚女要求不以娉财标准而以兄弟之半的标准来分产，怎么办？如果给未婚女以兄弟之半的标准来分产，出嫁女是不是还可以回过头来要求再补分缺额部分？这不是在人为制造分产纠纷吗？故娉财法修订说还有商榷的余地。

此段判词题为"司法拟"，应该是司法参军一类的职业法律人所撰，但这样一个议法断刑的专职官员，判词中使用的术语却令人迷惑难解：其一，将姑姊妹分为在室（包括归宗）和未及嫁者，不知区别何在？其二，在室包括归宗者可分得嫁资，未及嫁者可"别给财产"，嫁资与财产又有何不同？判词大概不是法条原文，而是司法参军的个人理解与归纳。归纳的如此不合情理，原因不得而知。

一个可能的解释是，《宋刑统》中所谓"减男娉财之半"，诚如佐立治人先生所言，应作"减男之半"。在作"减男之半"时，一望便知与"女合得男之半"属于同一法条的不同表述，不会引起误会。但南宋时期所传《宋刑统》可能已将"减男之半"误为"减男娉财之半"，于是，《宋刑统》中"减男娉财之半"与令或式中的"女合得男之半"就成了两条不同的法令。给在室女分产，到底适用哪一条呢？困惑之余的司法参军于是将两个法条并列在一起，先说按娉财标准给在室女分产，称为嫁资，再言按"女合得男之半"对在室女别给财产。对于"减男娉财之半"与"女合得男之半"两个"之半"，司法参军都是按"娉财之半"来理解，于是就有了别给财产"不得过嫁资之数"的限制。

第5条是范应铃（西堂）在判决郑应辰财产分割案时的判词，

判词中所谓"二女与养子各合受其半",看起来似乎是一个直接表现"女合得男之半"分产法的案例或法条,但按"男二女一"比例分产的依据不是律条而是"他郡均分之例"。按此,所谓"女合得男之半"法是南宋时期因张咏的判例多被引用而逐渐成为正式法条的说法,似乎有了依据,"女合得男之半"是南宋新法而非承之于前朝。

笔者认为,此案疑惑之处甚多,不能视为反映"女合得男之半"分产法的案例或法条。为方便分析,先将判词内容照引如下:

> 郑应辰无嗣,亲生二女,曰孝纯、孝德,过房一子曰孝先。家有田三千亩,库一十座,非不厚也。应辰存日,二女各遗嘱田一百三十亩,库一座与之,殊不为过。应辰死后,养子乃欲掩有,观其所供,无非刻薄之论。假使父母无遗嘱,亦自当得,若以他郡均分之例处之,二女与养子各合受其半。今只人与田百三十亩,犹且固执,可谓不义之甚,九原有知,宁无憾乎?县丞所断,不计家业之厚薄,分受之多寡,乃徒较其遗嘱之是非,义利之去就。却不思身为养子,承受田亩三千,而所拨不过二百六十,遗嘱之是非何必辩也?二女乃其父之所自出,祖业悉不得以沾其润,而专以付之过房之人,义利之去就,何所择也。舍非而从是,此为可以予,可以无予者也?设舍利而从义,此为可以取,可以无取者也?设今孝先之予,未至伤惠,二女之取,未至伤廉,断然行之,一见可决。郑孝先勘杖一百,钉锢,照元遗嘱各拨田一百三十亩,日下管业。①

---

① 《名公书判清明集》卷8《户婚门·遗嘱》"女合承分"条,中华书局1987年版,第290—291页。

　　这是一起父母死后亲生女与养子之间的财产纠纷案。郑应辰的亲生二女（孝纯、孝德）身份是在室女还是出嫁女，判词没有说明，而这一点恰恰是本案关键，因为只有在室女才适用"女合得男之半"分产法。有学者认为孝纯、孝德身份为在室女。[①] 果真如此的话，那么，郑应辰和郑孝先的行为就难以理喻。

　　郑应辰用遗嘱为女儿遗留财产，动机就根本不是为亲生女儿考虑，而是为养子着想：遗嘱中每个女儿只有田 130 亩，库 1 座，大部分财产都归养子郑孝先所有；而不留遗嘱，正常分产的话，两个女儿按"男二女一"的比例，分得的财产总量要远多于遗嘱所定。郑孝先明明知道自己分产时占了便宜，为何不按养父遗嘱行事反而还要指责养父遗嘱非法？难道他不担心一旦诉至官司，官府会以"女合得男之半"的分产法令来重新分产吗？

　　所以，孝纯、孝德的身份应该是出嫁女，唯此，本案当事人包括审判者的行为才合情合理。孝纯、孝德在出嫁前已经获得过嫁资一类的财产，所以郑孝先觉得应该承受全部家产，才认为养父遗嘱不妥，告至官府。县丞也"较其遗嘱之是非"，认定遗嘱无效，判孝先继承全部家业。就是范西堂也承认遗嘱无效，但考虑到所遗家业丰厚，养子已承受多半，拨给亲生女的不足十分之一，也合情理，所以认为"遗嘱之是非何必辩也"，改判按原遗嘱执行。因此，本案不能视为反映"（在室）女合得男之半"分产法的案例。

　　既然如此，判词中所谓"假使父母无遗嘱，亦自当得，若以他郡均分之例处之，二女与养子各合受其半"的说法，又该如何

---

　　① 柳立言：《宋代分产法"在室女得男之半"新探》，载氏著《宋代的家庭和法律》，上海古籍出版社 2008 年版，第 463 页。

理解呢？笔者以为，范西堂极有可能是将郑孝先当作命继子，故有此言。

宋代立嗣，有所谓立继、命继之分，父母生前自立嗣子者称立继，父母双亡而近亲尊长立嗣者称为命继。宋代法律规定，立继子、命继子对于绝家财产的权利各不相同：

> 立继者与子承父分法同，当尽举其产以与之。命继者……于绝家财产，若止有在室诸女，即以全户四分之一给之，若又有归宗诸女，给五分之一。止有归宗诸女依户绝法给外，即以其余减半给之，余没官。止有出嫁诸女者，以全户三分为率，以二分与出嫁女均给，余一分没官。[①]

按此，立继子同亲生子，可承袭全部财产；命继子则要与亲生女分产：如有在室女，命继子只能得到四分之一的家产，若又有归宗女，只能得到五分之一；若只有归宗女，先给归宗女，剩余部分一半给命继子，一半没官；若只有出嫁女，绝家财产一分为三，命继子、出嫁女各得三分之一，其余没官。

郑孝先是立继子，所以他觉得应该承受全部家产。而范西堂无意或有意将郑孝先误为命继子，故言"假使父母无遗嘱，亦自当得"，强调亲生女本就有权与命继子分产。因为郑应辰的两个女儿已出嫁，按规定，在只有出嫁女时，绝家财产应一分为三，命继子、出嫁女各得三分之一，其余没官。但也有不没官，而使出嫁女与继子各得一半的判例，如吴革（恕斋）就曾经将户绝财产分给出嫁女

① 《名公书判清明集》卷8《户婚门·立继》"命继与立继不同（再判）"条，中华书局1987年版，第266—267页。

与继子各半而没有没官。① 故范应铃有"若以他郡均分之例处之，二女与养子各合受其半"之言。

因此，范应铃所言，其实是勉强寻找给亲生女分产的理由，难经推敲，故分产还是遵从遗嘱。从判词中明显可以感到范西堂是站在两个亲生女的立场上，对养子意欲占有全部财产的行为十分反感，史书载范应铃是一个"开明磊落，守正不阿，别白是非，见义必为"② 的人物，如果孝纯、孝德是在室女，按照他的秉性，一定会按"男二女一"的比例来分产。

还需专门说明的是，南宋"女合得男之半"法虽源自唐，但具体规定，似乎又有所不同。上引唐《户部式》，虽规定在室女可分得男子一半的财产，但又说"女虽多，更不加"，按此，无论几个女儿，也总共只能得到男子份额一半的财产。而南宋的"女合得男之半"法，似乎是每个女儿都能分得男子一半的财产，如前引田县丞一案中，刘克庄是按每个女儿都各得男之半的份额来分产的，县丞的两个女儿总共获得了一个男子全部份额的财产。

为何会有这种不同呢？法律变化当然是一种解释，法吏误解、适用错误也有可能。在笔者看来，"女合得男之半"法在社会生活中的实际适用极为有限，南宋似无必要专门更改此条规定，故法律变化的可能性不大。史载"高宗播迁，断例散逸，建炎以前，凡所施行，类出人吏省记。三年四月，始命取嘉祐条法与政和敕令对修而用之……绍兴元年，书成，号《绍兴敕令格式》。而吏胥省记者，亦

____

① 《名公书判清明集》卷7《户婚门·立继》"探阄立嗣"条，中华书局1987年版，第205—206页。

② 《宋史》卷410《范应铃传》，中华书局1977年版，第12347页。

复引用"①。可见，南宋由于法条散逸，法规多靠"人吏省记"而得，所以，法吏误解、适用错误的可能性非常大。

总之，南宋判例《名公书判清明集》所见涉及"女合得男之半"分产法的条文，与唐《户部式》的规定完全相同，我们有理由认为此法并非南宋首创，而是承继于前朝法律。

四 无疾而终：检校法对 "女合得男之半" 法的冲击

检校之本意为查核、清点，对亡故者财产或户绝之家财产，官府有权清查检校及负责亲族间的分配，以避免亡故者遗孤这类弱幼群体的权益遭他人侵夺。一般认为，汉代以来就有检校孤幼财产的事例，② 至唐代，《丧葬令》中已有检校的专门规定：

> 诸身丧户绝者，所有部曲、客女、奴婢、店宅、资财，并令近亲转易货卖，将营葬事及量营功德之外，余财并与女；无女，均入以次近亲。无亲戚者，官为检校。③

意思是说户绝之家财产，应由近亲查核并"转易货卖"，如无亲戚，官府代为清点，用于丧葬、功德等事，剩余部分给死者女儿。按此，检校只用于户绝之家，有子则不适用；④ 方式也只是清点财产

---

① 《宋史》卷199《刑法志一》，中华书局1977年版，第4965页。

② 王菱菱、王文书：《论宋代对遗孤财产的检校与放贷》，《中国经济史研究》2008年第4期；罗彤华：《宋代的孤幼检校政策及其执行——兼论南宋的"女合得男之半"》，《中华文史论丛》2011年第4期。

③ 《宋刑统》卷12《户婚》"户绝资产"门引唐代《丧葬令》，第222—223页；[日] 仁井田陞：《唐令拾遗·丧葬令》，东京大学出版会1983年版，第835页。

④ 但据罗彤华先生的考察，唐代也有因儿孙年幼而官府检校家事的事例。参见罗彤华《宋代的孤幼检校政策及其执行——兼论南宋的"女合得男之半"》，《中华文史论丛》2011年第4期。

并负责亲族间的分配，而且是在"无亲戚"负责清点的情形下才由官府代为清查。至宋代，检校已不限于户绝，方式也不仅仅只是清查、分配：

> 《元丰令》："孤幼财产，官为检校，使亲戚抚养之，季给所需。"①
>
> 诸有财产而男女孤幼，官为抄札寄库，谓之检校。俟该年格，则给还之。②
>
> 所谓检校者，盖身亡男孤幼，官为检校财物，度所须，给之孤幼，责付亲戚可托者抚养，候年及格，官尽给还。③
>
> （宋太宗）诏曰："尝为人继母而夫死改嫁者，不得占夫家财物，当尽付夫之子孙。幼者官为检校，俟其长然后给之，违者以盗论。"④

上引文中，适用检校的条件是"孤幼""男女孤幼""男孤幼"，可见，只要父母双亡后或父亡母改嫁留下孤幼，无论男女，均适用检校；而且方式是"抄札寄库""季给所需"，即由官府代为保管孤幼财产，托付亲戚抚养，按期支付孤幼的生活费用。元代全面承继了宋代的检校制度，规定凡户绝、父母双亡而留有男女十岁以下孤

---

① 《宋会要辑稿·食货》61 之 62《民产杂录》"哲宗绍圣三年二月十日"条，中华书局 1957 年影印本，第 5904 页下栏。

② 《宋会要辑稿·职官》79 之 36《戒饬官吏》"宁宗嘉定十五年九月二日"条，中华书局 1957 年影印本，第 4227 页下栏。

③ 《名公书判清明集》卷 7《户婚门·检校》"不当检校而求检校"条，中华书局 1987 年版，第 228 页。

④ 《续资治通鉴长编》卷 18 "太平兴国二年五月丙寅"条，中华书局 2004 年版，第 405 页。

幼或虽有母招后夫或携而适人者，"其田宅浮财人口头疋，尽数拘收入官……（孤幼）付亲属可托者抚养，度其所须季给……如已娶或年十五以上，尽数给还"①。

检校法与"女合得男之半"法，立法目的都是为了保障孤幼的生活所需，在适用上有交叉重叠的方面，父母双亡而留有男女孤幼的家庭，既可以适用检校法，也可以适用"女合得男之半"法。但检校具有强制性，宋代敕令规定："诸身死有财产者，男女孤幼，厢耆、邻人不申官抄籍者，杖八十。"② 所以，只要是孤幼，财产一律由官府强制检校，这无疑大大压缩了"女合得男之半"法的适用空间。

在检校法推行之前，凡父母双亡而有在室女的家庭，只要愿意分产，都能够适用"女合得男之半"法。而在检校法推行以后，如果在室女与兄弟为孤幼——没有成年兄长或同居共财的长辈可以依靠，先适用检校法，由官府代为保管财产并按季支付生活费，不可能分家析产，"女合得男之半"法就无从适用。只有在室女并非孤幼，而有成年兄长或身处同居共财的大家庭中，此类家庭因不在检校范围之内，如果愿意分产，方可以用"女合得男之半"法来分产。举例来说，假设甲、乙两个父母双亡有子有女的家庭，甲家子、女均为幼年，乙家子已成年而女为幼年，在无检校法时，甲、乙两家均可以适用"女合得男之半"法来分产。而在检校法推行后，甲家子、女属于孤幼，应由官府检校财产，不可能分家，"女合得男之半"法就无从适

---

① 《大元圣政国朝典章·户部》卷5《田宅·家财》"绝户卑幼产业"条，中国广播电视出版社 1998 年影印本，第 737 页。

② 《名公书判清明集》卷8《户婚门·孤幼》"叔父谋吞并幼侄财产"条，中华书局 1987 年版，第 286 页。

用，只有乙家才可以适用"女合得男之半"法来分产。

当然，笔者将检校法与"女合得男之半"法对立起来的看法，可能会遭到如下的质问：难道在检校法中不能继续执行"女合得男之半"法吗？

从理论上讲，二者可以并行不悖，方法有二：一是官府在检校财产时，先按"女合得男之半"的比例划分财产，再分别支付男女孤幼各自的生活费；二是在孤幼"候年及格，官尽给还"时，再按"女合得男之半"的比例重新给男女孤幼划分财产。

从宋代检校案例来看，官府在检校财产时，并不提前按"女合得男之半"的比例替男女孤幼先划分财产。如高五一无子仅有幼女公孙，死后立命继子高六四，官为检校财产，以后高六四出幼成年，要求"乞给承分田产"，官府方按命继子与亲生女的比例给高六四划分应得份额。① 这说明，检校之初并不预先划分男女孤幼个人的财产份额。那么，若在检校法中继续执行"女合得男之半"的分产比例，只能在遗孤出幼分产时进行。这样的做法，事实上已经杜绝了在检校法中执行"女合得男之半"法的可能性。

被官府检校的财产，支付孤幼生活费自然要耗费一部分财产。除此之外，检校法在实际运行中，官吏贪污、挪用、渎职以及贷借者欺诈骗贷、拖延不还等情况，也时有发生，致使不少遗孤儿童的财产遭到侵吞。② 等到孤幼出幼分产时，已往往无产可分。

---

① 《名公书判清明集》卷7《户婚门·女受分》"阿沈高五二争租米"条，中华书局1987年版，第238页。

② 参见李淑媛《争财竞产：唐宋的家产与法律》，北京大学出版社2007年版，第157—159页；王菱菱、王文书《论宋代对遗孤财产的检校与放贷》，《中国经济史研究》2008年第4期；罗彤华《宋代的孤幼检校政策及其执行——兼论南宋的"女合得男之半"》，《中华文史论丛》2011年第4期。

即使被检校财产在孤幼出幼时，尚有余存，也不大可能给女儿分产。在中国古代，财产为父系家族所共有的意识极为强烈，男性才是财产的共有主体，家族财产必然由男性后裔来承继。对于男性遗孤来说，检校法带来的后果只是由谁来代为保管财产，不改变他家产承袭人的身份，日后成年，财产需尽数给还。而女性并非共有主体，"女合得男之半"法规定给女性分产是因为出嫁前需要生活费而非因为财产承继人的身份。故对于女性孤幼来说，检校法已经完成了保障其生活费用的任务，遗孤出幼分产时，就不必再给她分产了。

上述高五一案中，命继子高六四成年后，就要求官府"乞给承分田产"，官府立即给还高六四所得份额，但同时给亲生女公孙所分田产，负责分产的官员只说是"抚养公孙之资"，并未声明以后公孙出嫁可以带走家产。九年之后，公孙及母阿沈因所得租米太少，上告官府，审理者吴恕斋认为高六四已得四分之三，犹欲侵占公孙产业，令公孙田产由其母阿沈自行掌管，"候公孙出幼，赴官请给契照，以为招嫁之资。"① 田产虽然给了公孙，但要注意，吴恕斋给公孙田产的前提是"招嫁"。招嫁即招赘婿上门，代立门户，这一类情况，可以视同在室女。公孙实际上是以在室女的身份保住了自己的一份田产。如果公孙不是招嫁而是出嫁，是带不走所分家业的。

---

① 《名公书判清明集》卷7《户婚门·女受分》"阿沈高五二争租米"条，中华书局1987年版，第239页。另外，本案中的高六四为命继子，按照相关条文："命继者……于绝家财产，若止有在室诸女，即以全户四分之一给之，若又有归宗诸女，给五分之一"[《名公书判清明集》卷8《户婚门·立继》"命继与立继不同（再判）"条，中华书局1987年版，第266—267页]。按此，户绝后立命继子，分产时，应该是亲生女得家产的四分之三，命继子得四分之一。但在高六四出幼划分家产时，主持分产的官员，却把家产的四分之三给了命继子高六四，亲生女公孙只得到四分之一，明显是判颠倒了。以后吴恕斋接手此案，判公孙所得四分之一作为"招嫁之资"，不排除有纠正前任官员错误和同情幼女公孙的成分。

还应当注意，这是一件命继子与亲生女之间分产的案例，所谓命继，指父母双亡已成户绝而由近亲尊长代立嗣子，这种情形下，亲生女还需以招嫁的形式才能保留父母遗产，在有亲生子或立继子的非户绝场合，女儿更不可能在出嫁时带走家产。

可见，父母双亡而有孤幼之家，在适用检校法之后，实际上很难再继续执行"女合得男之半"法给在室女分产。所以，《名公书判清明集》中可以确认按"女合得男之半"比例来分产的曾士（仕）殊、周丙、田县丞三案（案情介绍均见前），或是未分家，或是有成年兄姊，或是父虽亡而母在，均为不合检校之家。

当然，按照记载来看，上列曾士（仕）殊、田县丞两案都提到了官府检校财产，粗看起来，似乎检校法并不影响"女合得男之半"法。

其实，严格意义上的检校，是指查核、清点并代为孤幼保管财产，且按期给付孤幼生活费用。而这两案中的检校并非实质意义上的检校，只是在发生纠纷需要分产时，官府代为清点财产并主持分配。田县丞一案判词中明确指出："县丞财产合从法条检校一番，析为二分，所生母与所生子女各听为主。"① 可见，检校的目的是分产，不同于严格意义上的检校。而且，为分产而进行的检校，即使没有立即进行财产分析，被检校的财产还是由自己掌管，官府不负责代管，故曾士（仕）殊案中，曾元收才能"擅支已检校钱六百余贯、银盏二十只"②。

---

① 《名公书判清明集》卷 8《户婚门·立继》"继绝子孙止得财产四分之一"条，中华书局 1987 年版，第 253 页。
② 《名公书判清明集》卷 8《户婚门·检校》"侵用已检校财产论如擅支朝廷封桩物法"条，中华书局 1987 年版，第 281 页。

总之，"女合得男之半"法的适用空间本来就很有限，而检校法的推行，等于为此法的适用又设了一个在室女并非孤幼的附加条件，生存空间大大压缩，宋代以后遂消失无踪。从"女合得男之半"法的发展历程来看，南宋不仅不是此法的开创阶段，相反是终结时期。

罗彤华先生认为，"女合得男之半"分产法在宋代以后消失无踪，与明清时期宗族意识的强化有关。① 笔者深以为然。符合"女合得男之半"法适用条件的正常家庭，出于宗族伦理方面的考虑，一般不会选择分家析产；只是家有赘婿或继子的特殊家庭，才适用此法来分家析产。故此法在社会生活中的实际适用，极为有限。即使没有检校法的冲击，这样一条在社会实际生活中极少适用的法规，在宗族意识逐渐强化的明清时代，也难免无疾而终的尴尬结局。

同时，我们还应该看到，法律之所以为在室女明确划定财产份额，是唯恐父母双亡后的分家析产行为中，财产由诸子分割完毕，在室女的生活费用难有着落。这当然不意味着法律鼓励分家，分产毕竟是下策，更好的选择是继续保持同居共财，由成年兄长或近亲尊长对幼女行抚养、教诲之责。

然而，在实际操作中，给女儿分产的规定，却有可能迫使家族放弃同居共财关系，冲淡教养幼女的责任意识。因为父母双亡而有幼女之家，不选择给幼女分产而是将她抚育成人，在幼女长成准备出嫁时，她可能还会提出按"女合得男之半"法分家析产。如曾士（仕）殊与兄弟曾仕珍、曾仕亮同居共财，无子而只有女曾二姑。仕殊死后，仕珍、仕亮并未给曾二姑分产，而是选择保持共财关系，将曾二姑抚养成人。不料，曾二姑出嫁以后，却兴讼于官，要求分

---

① 罗彤华：《宋代的孤幼检校政策及其执行——兼论南宋的"女合得男之半"》，《中华文史论丛》2011 年第 4 期。

割家产。主审案件的胡颖（石壁）以"在室女依子承父分法给半"为据，判曾二姑承袭曾士（仕）殊应分得家产的一半。①

官府支持被抚养成人幼女的分产诉讼，无疑是鼓励幼女之家放弃教养责任与义务，在父母双亡之后选择立即分产，这既有违立法原意，也明显有悖于家族伦理精神。

当然，胡颖之所以支持曾二姑的诉讼，可能不乏个人好恶。曾二姑伯父曾仕珍曾经讼及漕司、帅司、宪司，诉官府断狱不当、禁死其父。胡颖对此深恶痛绝，在判词中形容曾仕珍"狼戾顽嚚，犯义犯刑，恬不知畏"，② 怨恨之情可见一斑。恰曾二姑诉讼分产，虽已是出嫁女，但出于惩戒曾仕珍的目的，胡颖以曾士（仕）殊死时曾二姑为在室女为由，还是决定给曾二姑分产。通常情形下，官府对于幼女被抚养成人后的分产诉讼，可能是不会支持的。

但这一规定总是存在危及家族伦理及同居共财制度的可能性。《袁氏世范》中袁采曾告诫族人："孤女有分，近随力厚嫁。合得田产，必依条分给。若吝于目前，必致嫁后有所陈诉。"③ 袁采是南宋人，他所谓的"孤女有分"，可能就是父母双亡后给孤女分产的"女合得男之半"法。袁采虽从照顾、同情女性的角度要求按法条给孤女分产，但他也一定见过不少父母亡后被抚养成人的幼女，在出嫁后向娘家提起的分产诉讼，才有"必致嫁后有所陈诉"的感叹。这或许也是"女合得男之半"法遭到废弃的原因之一。

---

① 《名公书判清明集》卷 8《户婚门·检校》"侵用已检校财产论如擅支朝廷封桩物法"条，中华书局 1987 年版，第 280—282 页。
② 《名公书判清明集》卷 8《户婚门·检校》"侵用已检校财产论如擅支朝廷封桩物法"条，中华书局 1987 年版，第 280—281 页。
③ （宋）袁采：《袁氏世范》卷 1《睦亲》"孤女财产随嫁分给"条，丛书集成初编本，商务印书馆 1935 年版，第 17 页。

如果以南宋只是在继子或赘婿的场合才适用"女合得男之半"来分产的角度而论，此法对于在室女来说，其实没有多少意义。明清二代并无此法，但也有按"男二女一"比例来给继子与亲生女分产的事例：

> 审得陈肖一乏嗣，通族陈演俊等公举长房陈演素入祀……但（肖）一妾何氏欲另继演瑚……何氏有一女适生员卢象复，象复欲拥演瑚为义帝（弟）耳……据称有田一顷八十亩，应断三分之一与象复为奁业，再断二十亩与演瑚以谢绝之。尚存一顷，演素世守之，以永肖一祭祀，不得荡费。按察司批：其陈肖一遗产如断……布政司批：该厅审断更确。①
>
> （陈元吉死而无子）以陈奇之子陈连继元吉……惟阿谢（元吉妻）现有亲女未嫁，前参令断令提家产三分之一为日后妆奁之资，慰元吉于生前。此言殊为得理……陈连应得田产二分，善事母氏，毋失欢心，阿谢在世，一切家产，俱听母氏掌管。②

以上两例分别为明代颜俊彦、清代徐士林所判案例，都是立继子与亲生女分产，比例恰好是"女合得男之半"。尤其是颜俊彦所判陈肖一之案，尽管陈肖一之女业已出嫁，但仍得到三分之一的田产。这说明在没有亲生子而只有继子与亲生女的分产场合，出于告慰逝者、让其亲生骨肉沾润祖业的考虑，不管有没有"女合得男之半"

---

① （明）颜俊彦：《萌水斋存牍·谳略》"争继陈演瑚"条，中国政法大学出版社2002年版，第207页。
② （清）徐士林：《守皖谳词·补遗》"复审陈阿谢立继案"条，载陈全伦、毕可娟、吕晓东主编《徐公谳词》，齐鲁书社2001年版，第537页。

法，审判者对亲生女（包括出嫁女）的财产权利总是给予保障的。^①
因此，对于女性来说，"女合得男之半"法的作用、意义非常有限，
它的存在或消失，不代表女性财产权利的扩大或缩小，也不代表女
性财产权性质的改变。

① 又据《大清会典则例》："（康熙七年）题准：'凡无嗣人家产，系兄弟之子承受，有亲生女者，给家产三分之一；若疎（疏）族人承受，其女给家产五分之二；若抚养异姓之子承受及应归佐领拨给者，其女均给家产之半；如数少难分及有分拨余剩者，均给承受之人。凡分给女子，无论人数，止于应给分内分拨'"［《大清会典则例》卷32《户部·户口上》总第621册"旗人抚养嗣子"条，文渊阁四库全书本，（台北）商务印书馆1986年版，第12页下栏］。此条虽专对旗人，但也说明，在只有继子与亲生女的场合，法律对亲生女的财产权利总是给予保障的。

征引书刊目录

历史资料

一　传世文献

《诗经》，十三经注疏本，中华书局 1980 年影印本。

《尚书》，十三经注疏本，中华书局 1980 年影印本。

《仪礼》，十三经注疏本，中华书局 1980 年影印本。

《礼记》，十三经注疏本，中华书局 1980 年影印本。

《论语》，十三经注疏本，中华书局 1980 年影印本。

《左传》，十三经注疏本，中华书局 1980 年影印本。

《公羊传》，十三经注疏本，中华书局 1980 年影印本。

《商君书》，诸子集成本，中华书局 1954 年版。

《史记》，中华书局 1959 年版。

《汉书》，中华书局 1962 年版。

《后汉书》，中华书局 1965 年版。

《晋书》，中华书局 1974 年版。

《唐律疏议》，中华书局 1983 年版。

《唐六典》，中华书局 1992 年版。

《唐会要》，中华书局 1955 年版。

［日］仁井田陞：《唐令拾遗》，东京大学出版会 1983 年版。

《旧唐书》，中华书局 1975 年版。

《宋史》，中华书局 1977 年版。

《宋刑统》，法律出版社 1999 年版。

《资治通鉴》，上海古籍出版社 1987 年版。

《续资治通鉴长编》，中华书局 2004 年版。

《册府元龟》，中华书局影印本 1960 年版。

《名公书判清明集》，中华书局 1987 年版。

（宋）袁采：《袁氏世范》，丛书集成初编本，商务印书馆 1935 年版。

（宋）王与之：《周礼订义》，文渊阁四库全书本，（台北）商务印书
　　馆 1986 年版。

《宋会要辑稿》，中华书局影印本 1957 年版。

《元史》，中华书局 1976 年版。

《大元通制条格》，法律出版社 1999 年版。

《元典章》，中华书局、天津古籍出版社 2011 年版。

《大元圣政国朝典章》，中国广播电视出版社 1998 年影印本。

《大明律》，法律出版社 1999 年版。

《明会典（万历朝重修本）》，中华书局 1989 年影印本。

（明）高举：《大明律集解附例》，收入高柯立、林荣辑《明清法制
　　史料辑刊》第三辑，国家图书馆出版社 2015 年版。

（明）颜俊彦：《萌水斋存牍》，中国政法大学出版社 2002 年版。

（明）胡广：《礼记大全》，文渊阁四库全书本，（台北）商务印书馆

1986 年版。

《大清律例》，法律出版社 1999 年版。

《大清高宗纯皇帝实录》，（台北）华联出版社 1964 年版。

《大清会典则例》，文渊阁四库全书本，（台北）商务印书馆 1986
年版。

《大清会典事例》，续修四库全书本，上海古籍出版社 2002 年版。

（清）冯桂芬：《显志堂稿》，光绪二年校邻庐刻本。

《皇朝经世文编》，光绪十五年上海广百宋斋校印本。

（清）孙希旦：《礼记集解》，中华书局 1989 年版。

（清）魏源：《魏源集》，中华书局 1976 年版。

（清）吴大澂：《说文古籀补》，中华书局 1988 年版。

（清）吴坤修等编撰：《大清律例根原》，上海辞书出版社 2012 年版。

（清）徐士林：《守皖谳词》，陈全伦、毕可娟、吕晓东主编《徐公
谳词》，齐鲁书社 2001 年版。

（清）祝庆祺、鲍书芸编修：《刑案汇览》，北京古籍出版社 2004 年版。

（清）魏息园编著：《不用刑审判书》，收入杨一凡、徐立志主编《历
代判例判牍》，中国社会科学出版社 2005 年版。

（清）朱彬：《礼记训纂》，中华书局 1996 年版。

南京国民政府司法行政部编：《民事习惯调查报告录》，中国政法大
学出版社 2000 年版。

二　文物资料

荆门市博物馆：《郭店楚墓竹简》，文物出版社 1998 年版。

山西省文物工作委员会：《侯马盟书》，文物出版社 1976 年版。

睡地秦虎墓竹简整理小组：《睡虎地秦墓竹简》，文物出版社 1978

年版。

张家山二四七号汉墓竹简整理小组：《张家山汉墓竹简（二四七号
墓）》，文物出版社 2001 年版。

张传玺主编：《中国历代契约萃编》，北京大学出版社 2014 年版。

中科院历史研究所资料室编：《敦煌资料》第一辑，中华书局 1961
年版。

唐耕耦、陆宏基编：《敦煌社会经济文献真迹释录》第 2 辑，全国图
书馆文献微缩复制中心 1990 年版。

《俄藏敦煌文献》第十五册，上海古籍出版社 2001 年版。

［日］武田科学振兴财团：《敦煌秘笈影印册一》，大阪杏雨书屋 2009
年版。

周绍良主编：《唐代墓志汇编》，上海古籍出版社 1992 年版。

杨国桢：《闽南契约文书综录》，《中国社会经济史研究》1990 年
增刊。

陈金全、杜万华主编：《贵州文斗寨苗族契约法律文书汇编——姜元
泽家藏契约文书》，人民出版社 2006 年版。

刘伯山编纂：《徽州文书》第二辑，广西师范大学出版社 2006 年版。

近人论著

一　专著

白寿彝总主编：《中国通史》，上海人民出版社 1994 年版。

曹旅宁：《秦律新探》，中国社会科学出版社 2002 年版。

陈顾远：《中国婚姻史》，上海书店 1984 年版。

陈鹏生主编：《中国古代法律三百题》，上海古籍出版社 1991 年版。

戴建国：《唐宋变革时期的法律与社会》，上海古籍出版社 2010 年版。

范文澜：《中国通史》，人民出版社 1994 年版。

冯尔康：《中国历史上的农民》，馨园文教基金会 1998 年版。

高亨：《诗经今注》，上海古籍出版社 1980 年版。

郭沫若主编：《中国史稿》，人民出版社 1979 年版。

龚书铎总主编：《中国社会通史》，山西教育出版社 1996 年版。

黄正建主编：《〈天圣令〉与唐宋制度研究》，中国社会科学出版社
    2011 年版。

翦伯赞主编：《中国史纲要》，人民出版社 1979 年版。

林剑鸣：《秦史稿》，上海人民出版社 1981 年版。

卢静仪：《民初立嗣问题的法律与裁判》，北京大学出版社 2004 年版。

李均明：《秦汉简牍文书分类辑解》，文物出版社 2009 年版。

李淑媛：《争财竞产：唐宋的家产与法律》，北京大学出版社 2007
    年版。

梁治平：《清代习惯法：社会与国家》，中国政法大学出版社 1996
    年版。

蒲坚主编：《中国法制史》，光明日报出版社 1987 年版。

钱穆：《秦汉史》，（台北）东大图书公司 1987 年版。

瞿同祖：《中国法律与中国社会》，中华书局 1981 年版。

乔伟：《唐律研究》，山东人民出版社 1985 年版。

田昌五、臧知非：《周秦社会结构研究》，西北大学出版社 1996 年版。

陶毅、明欣：《中国婚姻家庭制度史》，东方出版社 1994 年版。

邢铁：《家产继承史论》，云南大学出版社 2000 年版。

邢铁：《家产继承史论（修订本）》，云南大学出版社 2012 年版。

杨宽：《战国史（增订本）》，上海人民出版社 1998 年版。

朱凤瀚：《商周家族形态研究（增订本）》，天津古籍出版社 2004
　　年版。

张晋藩：《中国古代法律制度》，中国广播电视出版社 1992 年版。

张佩国：《近代江南乡村地权的历史人类学研究》，上海人民出版社
　　2002 年版。

张晓宇：《奁中物：宋代在室女财产权的形态与意义》，江苏教育出
　　版社 2008 年版。

[奥] 迈克尔·米特罗尔、雷因哈德·西德尔：《欧洲家庭史》，赵
　　世玲、赵世瑜、周尚意译，华夏出版社 1987 年版。

[英] 梅因：《古代法》，沈景一译，商务印书馆 1959 年版。

[美] 白凯：《中国的妇女与财产：960—1949 年》，刘昶译，上海书
　　店出版社 2003 年版。

[日] 仁井田陞：《中国法制史》，牟发松译，上海古籍出版社 2011
　　年版。

[日] 滋贺秀三：《中国家族法原理》，张建国、李力译，法律出版
　　社 2003 年版。

二　论文

蔡镜浩：《〈睡虎地秦墓竹简〉注释补正》（二），《文史》第 29 辑，
　　中华书局 1988 年版。

陈平、王勤金：《仪征胥浦 101 号西汉墓〈先令券书〉初考》，《文
　　物》1987 年第 1 期。

丁凌华：《我国古代法律对无子立嗣是怎样规定的?》，载《中国古代
　　法律三百题》，上海古籍出版社 1991 年版。

范忠信：《中西法律传统中的"亲亲相隐"》，《中国社会科学》1997

年第 3 期。

何兹全：《佛教经律关于僧尼私有财产的规定》，《北京师范大学学报》1982 年第 6 期。

姜密：《中国古代非"户绝"条件下的遗嘱继承制度》，《历史研究》2002 年第 2 期。

考古训练班：《湖北云梦睡虎地十一座秦墓发掘简报》，《文物》1976 年第 9 期。

孔卓：《清代文斗寨契约所见苗族家庭财产共有制度》，《青海民族研究》2015 年第 3 期。

黎小龙：《义门大家庭与宗族文化的区域特征》，《历史研究》1998 年第 2 期。

梁鹰：《唐宋时期女性财产权述论》，硕士学位论文，青海师范大学，2013 年。

刘克甫：《西周金文"家"字辨析》，《考古》1962 年第 9 期。

柳立言：《宋代分产法"在室女得男之半"新探》，载氏著《宋代的家庭和法律》，上海古籍出版社 2008 年版。

柳立言：《南宋在室女分产权探疑：史料解读及研究方法》，《史语所集刊》第八十三本第三分，2013 年。

柳立言：《妾侍对上通仕：剖析南宋继承案〈建昌县刘氏诉立嗣事〉》，《中国史研究》2012 年第 2 期。

卢静仪：《"分家析产"或"遗产继承"：以大理院民事判决为中心的考察（1912—1928）》，《私法》第 8 辑第 2 卷，华中科技大学出版社 2010 年版。

罗彤华：《宋代的孤幼检校政策及其执行——兼论南宋的"女合得男之半"》，《中华文史论丛》2011 年第 4 期。

乜小红：《秦汉至唐宋时期遗嘱制度的演变》，《历史研究》2012 年
第 5 期。

瞿大静：《宋代析产制度研究》，硕士学位论文，青海师范大学，
2017 年。

孙达人：《试给"五口百亩之家"一个新的评价》，《中国史研究》
1997 年第 1 期。

魏道明：《古代社会家庭财产关系略论》，《青海师范大学学报》1997
年第 1 期。

魏道明：《略论唐宋明清的析产制度》，《青海社会科学》1997 年第
3 期。

魏道明：《中国古代遗嘱继承制度质疑》，《历史研究》2000 年第 6 期。

魏天安：《宋代财产继承法之"女合得男之半"辨析》，《云南社会
科学》2008 年第 6 期。

王菱菱、王文书：《论宋代对遗孤财产的检校与放贷》，《中国经济史
研究》2008 年第 4 期。

王善军：《关于义门大家庭分布和发展的几个问题——与黎小龙先生
商榷》，《历史研究》1999 年第 5 期。

王玉波：《中国家庭史研究刍议》，《历史研究》2000 年第 3 期。

王跃生：《18 世纪中国家庭结构分析——立足于 1782—1791 年的考
察》，载《婚姻家庭与人口行为》，北京大学出版社 2000 年版。

邢铁：《唐代的遗嘱继产问题》，《人文杂志》1994 年第 5 期。

邢铁：《南宋女儿继承权考察——〈建昌县刘氏诉立嗣事〉再解读》，
《中国史研究》2010 年第 1 期。

喻长咏：《西汉家庭结构和规模初探》，《社会学研究》1992 年第 1 期。

俞江：《继承领域内冲突格局的形成——近代中国的分家习惯与继承

法移植》,《中国社会科学》2005 年第 5 期。

俞江:《家产制视野下的遗嘱》,《法学》2010 年第 7 期。

袁俐:《南宋女性财产权述论》,载《宋史研究集刊》第二集（《探索》杂志增刊）,1988 年。

扬州博物馆:《江苏仪征胥浦 101 号西汉墓》,《文物》1987 年第 1 期。

张金光:《商鞅变法后秦的家庭制度》,《历史研究》1988 年第 6 期。

张铭新:《关于〈秦律〉中的"居"——〈睡虎地秦墓竹简〉注释质疑》,《考古》1981 年第 1 期。

张永山、罗琨:《家字溯源》,《考古与文物》1982 年第 1 期。

郑慧生:《释"家"》,《河南大学学报》1985 年第 4 期。

郑杰祥:《释"家"兼论我国家庭的起源》,《中州学刊》1987 年第 2 期。

曾振宇:《商鞅法哲学研究》,《史学月刊》2000 年第 6 期。

[日] 高桥芳郎:《"父母已亡"女儿的继承地位——论南宋时期的所谓女子财产权》,载杨一凡主编《中国法制史考证》丙编《日本学者考证中国法制史重要成果选译》第三卷《宋辽西夏元卷》,中国社会科学出版社 2003 年版。

[日] 高桥芳郎:《再论南宋"儿女分产法"》,《法制史研究》2008 年第 13 期。

[日] 柳田节子:《论南宋时期家产分割中的"女承分"》,载杨一凡主编《中国法制史考证》丙编《日本学者考证中国法制史重要成果选译》第三卷《宋辽西夏元卷》,中国社会科学出版社 2003 年版。

[日] 山口正晃:《羽 53〈吴安君分家契〉——围绕家产继承的一个事例》,载中国政法大学法律古籍整理研究所编《中国古代法律

文献研究》第六辑，社会科学文献出版社 2012 年版。

［日］永田三枝：《南宋期における女子の財产权について》，《北大史学》1991 年第 31 辑。

［日］中田薫：《唐宋时代的家族共产制》，载《法制史论集》第 3 卷，（东京）岩波书店 1943 年版。

［日］佐立治人：《唐戸令応分条の复元条文に对する疑问——南宋の女子分法をめぐる议论との关连で》，《京都学园法学》1999 年第 1 号。

［韩］尹在硕：《睡虎地秦简〈日书〉所见"室"的结构与战国末期秦的家族类型》，《中国史研究》1995 年第 3 期。

工具书

《辞海》（1989 年版缩印本），上海辞书出版社 1990 年版。

《辞源》，商务印书馆 1987 年版。

《汉语大词典》，汉语大词典出版社 1989 年版。

《说文解字注》，上海古籍出版社 1981 年版。

《中国大百科全书·中国历史（Ⅱ）》，中国大百科全书出版社 1992 年版。

《中文大辞典》，（台北）中国文化书院出版部 1968 年版。